Martin Salzwedel / Ulf Tödter

Führen ist Charaktersache – Überzeugen durch Authentizität und soziale Kompetenz

Führungsprofile auf der Basis des Enneagramms erkennen

Persönliche Entwicklung als Führungskraft gezielt steuern

Führungs-Kraft durch natürliche Autorität steigern

Die in diesem Buch angegebenen Internet-Adressen und -Dateien wurden vor Drucklegung geprüft (Stand: Januar 2008). Der Verlag übernimmt keine Gewähr für die Aktualität und den Inhalt dieser Adressen und Dateien und solcher, die mit ihnen verlinkt sind.

Verlagsredaktion: Ralf Boden
Layout und technische Umsetzung: Text & Form, Karon / Düsseldorf
Umschlaggestaltung: Magdalene Krumbeck, Wuppertal
Titelfoto: © ifa Bilderteam

Informationen über Cornelsen Fachbücher und Zusatzangebote:
www.cornelsen.de/berufskompetenz

1. Auflage

© 2008 Cornelsen Verlag Scriptor GmbH & Co. KG, Berlin

Druck: Druckhaus Thomas Müntzer, Bad Langensalza

ISBN 978-3-589-23588-9

 Inhalt gedruckt auf säurefreiem Papier aus nachhaltiger Forstwirtschaft.

VORWORT

Gute Führungskräfte zeichnen sich dadurch aus, dass ihre Mitarbeiterinnen und Mitarbeiter ihnen gern folgen. Sie genießen das Vertrauen ihrer Mitarbeiter und sind, vielleicht ohne es zu beabsichtigen, zu Vorbildern geworden. Das Thema Vertrauen erhält nach Meinung der Autoren in der Führungsliteratur und der Führungspraxis endlich die Aufmerksamkeit, die es verdient. Deshalb gehen wir darauf in Kapitel 1 ebenso ein wie auf ein weiteres wichtiges Thema: Authentizität in der Führungsrolle. Denn gute Führungskräfte kennen sich selbst, ihre Stärken, Schwächen und Nicht-Stärken („blinde Flecken") und haben gelernt, ungewohnte Sichtweisen zu integrieren. Das Resultat ist eine natürliche Autorität, die in sich ruht, glaubwürdig und beständig und doch immer zu Anpassung, Wandel und Lernen bereit ist.

Ulf Tödter und Jürgen Werner haben mit ihrem ebenfalls in dieser Reihe veröffentlichten Buch „Erfolgsfaktor Menschenkenntnis" den Grundstein dazu gelegt, die Persönlichkeitstypologie des Enneagramms im beruflichen Kontext zugänglich zu machen. Das Buch stand mehrere Monate unter den Top Ten der besten Wirtschaftsbücher bei der „Financial Times Deutschland".

Das vorliegende Buch untersucht in den Kapiteln 2 bis 4 die neun Persönlichkeitsprofile des Enneagramms systematisch auf ihre Stärken, Schwächen und Nicht-Stärken im Führungsalltag sowie die Entwicklungspotenziale. Im Fokus steht dabei die soziale Kompetenz als Schlüsselqualifikation für eine erfolgreiche Mitarbeiterführung. Alle Persönlichkeitsprofile verfügen grundsätzlich über eine gute Grundausstattung, um Führungsaufgaben zu erfüllen. Doch liegen ihre natürlichen Stärken jeweils ganz woanders. Situationen, die für das eine Führungsprofil locker zu meistern sind, stellen für ein anderes höchsten Stress dar. Deshalb beschreibt Kapitel 5, was die Menschen mit unterschiedlichen Persönlichkeitsprofilen voneinander lernen können. Anerkannte Führungspostulate werden durch die Brille der neun Persönlichkeitsprofile betrachtet, um den Leserinnen und Lesern die jeweiligen Vorteile (und auch Nachteile) unterschiedlicher Sichtweisen und Führungsphilosophien näherzubringen.

Wir möchten die Leserinnen und Leser auch dazu auffordern, in ihrem Verantwortungsbereich eine Kultur des gegenseitigen Vertrauens zu entwickeln. Die in Kapitel 6 präsentierten Unternehmen arbeiten seit Jahren erfolgreich in ihrer Unternehmensentwicklung mit dem Enneagramm. Was dabei zu beachten ist, haben wir für interessierte Organisationen in sieben Empfehlungen zusammengefasst. Da die berufliche Tätigkeit im Profitbereich (und zunehmend auch im Nonprofitbereich) immer auch auf Konkurrenz basiert – nach außen wie nach innen –, ist die Aufgabe, eine Kultur des gegenseitigen Vertrauens zu entwickeln, höchst anspruchsvoll. Um sie zu erfüllen, braucht es Führungskräfte, die sich um eine gute Selbstreflexion und exzellente Antennen für ihre Mitarbeiter bemühen. Denn authentische Führungskräfte verfügen über eine hohe natürliche Autorität und deshalb folgen ihre Mitarbeiter ihnen gern.

Freiburg, im Herbst 2007   *Martin Salzwedel*
                                                              Ulf Tödter

Die Autoren

Martin Salzwedel, Jahrgang 1954, ist Berater, Trainer und Führungskräfte-Coach bei Unternehmen in Europa, Nord- und Südamerika, Japan, China und Indien. Seine Schwerpunkte beinhalten Kommunikation in Führung, Verhandlung und Vertrieb sowie interkulturelle Kompetenz und Persönlichkeitsentwicklung. Er ist Gründer von Communications Consulting International (CCI), war acht Jahre lang Dozent und Projektleiter für die St. Galler Business School und ist heute Senior Consultant und Leiter des Instituts für Persönlichkeitsentwicklung der Boston Business School. Sechs Jahre lang war er als Führungskraft im Vertrieb und im Marketing der Bertelsmann AG tätig. Nach abgeschlossenem Lehramts- und anschließendem Musikstudium arbeitete er zunächst acht Jahre in den USA für ein internationales Beratungsunternehmen. Zwei Jahre war er Lehrbeauftragter an der Musikhochschule Franz Liszt in Weimar im Studiengang Kulturmanagement. Heute setzt er seine Fähigkeiten als ausgebildeter Cellist in den Führungskräftetrainings ein. Seit acht Jahren ist er zertifizierter Enneagrammlehrer.

Ulf Tödter, Jahrgang 1961, ist Berater, Trainer und Führungskräfte-Coach in Unternehmen und in der beruflichen Fort- und Weiterbildung im deutschsprachigen Raum. Seine Schwerpunkte beinhalten: Führung, Selbstmanagement, Persönlichkeitsentwicklung, Lebens- und Karriereplanung, systemisches Denken und Handeln in Unternehmen und Organisationen. Er arbeitet in einer Trainergemeinschaft mit Jürgen Werner. Zuvor war er sieben Jahre als Geschäftsführer einer internationalen Umweltorganisation im Fürstentum Liechtenstein tätig. Er hat Forstwissenschaften studiert. Seit zwölf Jahren ist er zertifizierter Enneagrammlehrer und seit sechs Jahren zertifizierter Systemaufsteller.

Kontakt zu den Autoren:

info@martinsalzwedel.de   info@werner-und-toedter.de
www.martinsalzwedel.de   www.werner-und-toedter.de

INHALTSVERZEICHNIS

1 AUTHENTISCH FÜHREN MIT NATÜRLICHER AUTORITÄT UND SOZIALER KOMPETENZ

Der wichtigste Erfolgsfaktor eines Unternehmens ist nicht das Kapital oder die Arbeit, sondern die Führung.
Reinhard Mohn

Den Charakter eines Menschen erkennt man erst, wenn er Vorgesetzter geworden ist.
Erich Maria Remarque

Wir können nur das bewirken, was wir in uns selbst bewirkt haben.
Dalai Lama

Um Menschen zu führen, gehe ich hinter ihnen.
Laotse

Eine gute Führungskraft gibt jedem Mitarbeiter das Gefühl, selbst entschieden zu haben.
Daniel Goeudevert

Es sollte uns nachdenklich stimmen, dass im Deutschen „einen anführen" so viel heißt wie betrügen.
Georg Christoph Lichtenberg

Es ist falsch, dass im Leben die „Umstände" entscheiden. Im Gegenteil: Die Umstände sind immer der neue Kreuzweg, an dem der Charakter entscheidet.
José Ortega y Gasset

Seine eindrucksvollste Leistung bestand darin, dass es ihm stets gelang, die Entwicklung in Richtung Zusammenhalt zu lenken.
Richard J. Danzig, Marine-Minister unter Bill Clinton, über den Polarforscher Sir Ernest Shackleton, der Anfang des 20. Jahrhunderts mit 27 Männern zwei Jahre im antarktischen Packeis überlebte und alle gesund nach Hause brachte.

Und eine Lust ist's, wie er alles weckt
Und stärkt und neu belebt um sich herum,
Wie jede Kraft sich ausspricht, jede Gabe
Gleich deutlicher sich wird in seiner Nähe!
Jedwedem zieht er seine Kraft hervor,
Die eigentümliche, und zieht sie groß,
Lässt jeden ganz das bleiben, was er ist,
Er wacht nur drüber, dass er's immer sei
Am rechten Ort; so weiß er aller Menschen
Vermögen zu dem seinigen zu machen.

Max Piccolomini über seinen Chef Wallenstein
in Friedrich Schillers gleichnamigen Werk

EINLEITUNG

Der damals achtzigjährige Management-Berater Peter F. Drucker, Autor von 39 Büchern und zahlreichen Beiträgen für die Harvard Business Review, das Wall Street Journal und den Economist wurde 1993 in einem Interview gefragt, welchen Tipp er jungen Führungskräften aufgrund seiner langen Erfahrung mitgeben würde, und antwortete: *„Erkenne dich selbst!"*

Die Bestimmungsfaktoren der eigenen Persönlichkeit, die individuellen Prägungen und Rollenbilder kennen

Wie er dann weiter ausführt, geht es darum, die Bestimmungsfaktoren der eigenen Persönlichkeit, die individuellen Prägungen und Rollenbilder zu kennen. Dazu zählen auch Antworten auf die Fragen: *Was macht meine Identität aus? Wofür stehe ich? Was hat mich geprägt? Was ist bestimmend für mein Lebens-Drehbuch? Was sind meine wichtigsten Vorstellungen von richtig und falsch, von guter und schlechter Führung? Was treibt mich an? Wo bin ich empfindlich oder verletzlich? Welche Glaubenssätze bestimmen die Beweggründe für mein Handeln? Welche Normen, Werte, Überzeugungen und Verhaltensmuster gehören wirklich zu mir? Welche habe ich von anderen übernommen? Wie stehe ich zu den Werten meiner Organisation? Welchen Einfluss kann ich auf diese nehmen? Wie würde ich gerne sein? Wie kann ich mich verändern, um meinem idealen Selbstbild näherzukommen? Was kann und will ich nicht ändern? Was muss ich akzeptieren? Wie sehen andere mich? Wie werde ich verstanden? Wie kann ich als Führungskraft meine Werte und Anliegen authentisch vermitteln und gleichzeitig meiner Rollenverantwortung gerecht werden?*

Zur Beantwortung dieser Fragen findet der umsetzungsorientierte Leser Anregungen im vorliegenden Buch.

Selbstreflexion ist wichtiger, als andere verändern zu wollen

In unseren Seminaren und Trainings treffen wir immer wieder Führungskräfte, die im Führungstraining lernen wollen, wie sie andere verändern bzw. manipulieren können. Wenn sie dann verstehen, dass es in erster Linie um sie selbst geht, reagieren manche enttäuscht, denn dieser Weg erscheint ihnen steinig und unbequem. Sie wollten lediglich Rezepte, Tipps und Tricks, wie man besser führt, besser motiviert, wirkungsvoller Einfluss nimmt, ohne sich wirklich einer kritischen Selbsteinschätzung zu unterziehen.

Bloße Rezepte, Tipps und Tricks greifen für die Mitarbeitermotivation zu kurz

Meistens sind Mitarbeiter unmotiviert, wenn auch die Führungskraft unmotiviert ist, und sie verweigern die Selbstreflexion, wenn diese auch bei der Führungskraft fehlt. Dann möchte die Führungskraft gerne in einem Seminar über „Motivierende Führung" ein paar Tipps und Tricks vermittelt bekommen, wie man seine Truppe wieder „in Schwung bringt". Die Bereitschaft, die Ursache für die unmotivierte und lustlose Mitarbeiterschar bei sich zu suchen, ist bei diesen Seminarteilnehmern relativ gering ausgebildet.

Wir halten es für ineffektiv, mit einer solchen Haltung ein Führungsseminar zu belegen, und laden deshalb unsere Leser auf eine Reise ein, sich selbst zu erforschen. Vor allem wollen wir den Widerspruch, dass Führungskräfte in Organisationen ihre Rolle zu spielen haben und deswegen nicht authentisch sein können, ein für alle Male aus der Welt schaffen. Wir sind sehr wohl der Meinung, dass Menschen in Organisationen Verantwortung tragen können, und zwar in Einklang mit ihren Werten, was der Kern von Authentizität in der Führung ist.

Führungsstärke und Authentizität schließen sich nicht gegenseitig aus

Was der Charakter für die Persönlichkeit bedeutet, ist die Kultur für die Organisation

Auch möchten wir aufzeigen, was die moderne Führungslehre an Möglichkeiten bietet, die eigenen Werte im Rahmen der Beeinflussung der Kultur einer Organisation konstruktiv einzubringen. Was der Charakter, die Persönlichkeit für das Individuum ist, ist die Kultur für eine Organisation. Diese Zusammenhänge möchten wir aufzeigen.

Die eigenen Werte in die Organisationskultur einbringen

Für Organisationen ist die bewusste Gestaltung der eigenen Kultur maßgebend

Dies ist besonders wichtig in den zunehmend einflussreicher werdenden Nonprofitorganisationen. In den Institutionen aus den Bereichen Bildung, Gesundheit, Umwelt und Kultur, in denen wir seit über 25 Jahren als Führungskraft oder Führungstrainer tätig sind, ist das Wissen um die eigene Kultur noch maßgebender als in gewinnorientierten Organisationen. Deswegen nehmen die nicht-materiellen Aspekte des Zusammenlebens einen größeren Raum ein.

Die Wirksamkeit hierarchischer Führungsstrukturen nimmt immer mehr ab

Hinzu kommt, dass in weit entwickelten Gesellschaften hierarchische Führung immer weniger funktioniert. In den so genannten Matrixorganisationen oder in Projekten gilt es zunehmend, Führung durch das Vorleben von Werten auszuüben, da die Weisungsbefugnis häufig eingeschränkt ist oder ganz fehlt. Durch die Veränderungen zu immer mehr Projektarbeit ändert sich auch das Verständnis von Führung. Wer ein Projekt leitet, ist ein Unternehmer auf Zeit mit voller Verantwortung für Personal und Budget – und das in der Regel mit Mitarbeitern aus anderen Abteilungen und Hierarchieebenen.

Von daher ist es lediglich der Ignoranz einer Führungskraft zuzuschreiben, wenn sie ihrem Führungsnachwuchs anbietet, sich erst in der Leitung von ein paar Projekten zu beweisen, bevor man an eine Beförderung denkt. Ein Team in einer Linienfunktion mit disziplinarischer Weisungsbefugnis zu führen ist leichter, als ein Projekt zu leiten. Projektteamleiter benötigen als Vorbereitung Führungstraining, denn ohne Weisungsbefugnis braucht es mehr Überzeugungskraft und soziale Kompetenz.

Deswegen haben wir uns entschlossen, den hier vorliegenden Beitrag für Führungskräfte und Nachwuchsführungskräfte zu leisten und mit einigen Mythen der Führung aufzuräumen.

1.1 Was gute Führung von Mitarbeitern ausmacht

Menschen gut zu führen bedeutet, ihnen Werte vorzuleben, Charakterarbeit an sich selbst zu leisten und sich jeden Tag aufs Neue im guten Umgang mit Menschen zu üben. So lautet die Definition von Führung des Arztes und Unternehmers Cay von Fournier. Und er hat sicherlich Recht mit dem Zusatz, dass es sich bei der Führung, wie bei der Medizin, zum großen Teil um eine Kunst handelt, die es zu erlernen gilt.

Führung ist nicht gleich Management. Das italienische Wort *maneggiare* bedeutet handhaben, hantieren, (Pferde) zureiten, kneten oder mit etwas umgehen. Das Wort *rimaneggiare* bedeutet umbilden, umarbeiten, neu organisieren oder neu umbrechen. Diese Management-Funktionen sind für jede Organisation wichtig, sollten jedoch nicht mit dem Begriff Führung verwechselt werden. Beides bedeutet, für Menschen Verantwortung zu tragen. Und beide gehören untrennbar zusammen, wie die zwei Seiten einer Medaille. Keine Führungskraft kommt ohne gutes Management aus. Edgar Schein beschrieb den Unterschied einmal so: Führungskräfte begründen und verändern die Kulturen, während Manager und Administratoren in ihnen leben.

Führung ist nicht gleich Management

Ein Blick auf die aktuellen Probleme vieler Unternehmen und Organisationen führt zu der Feststellung:

ES WIRD ZU VIEL GEMANAGT UND ZU WENIG GEFÜHRT.

Führungskräfte müssen für Rahmenbedingungen sorgen, die Vertrauen schaffen

Führungskräfte müssen institutionelle Rahmenbedingungen schaffen, die die Entwicklung von Vertrauen fördern und diejenigen abschaffen, die das verhindern. Wie sich Organisationsstrukturen entwickeln und menschliches Verhalten beeinflussen lassen, ist Gegenstand von Organisationsentwicklung und sicherlich ein von Führungskräften häufig vernachlässigtes Feld von Führungskompetenz. Als Denkanstoß soll hier nur erwähnt werden, dass soziale Systeme etwas anderes sind als die Summe der versammelten Menschen mit ihren individuellen Motiven. Soziale Systeme und damit auch Organisationen sind gewissermaßen eigene lebendige Organismen. Sie entwickeln ihre eigenen Regelsysteme, die stärker wirken als die individuellen Handlungslogiken der daran beteiligten Menschen. Organisationen wirken nach eigenen Gesetzen, nicht durch die Summierung der individuellen Absichten.

Soziale Systeme sind immer mehr als die Summe der individuellen Handlungslogiken der daran beteiligten Menschen

Einer der Vordenker des Organisationslernens, Peter M. Senge, stellt hierzu lakonisch fest: *„Innerhalb von ein und demselben System produzieren alle Menschen, so verschieden sie auch sein mögen, tendenziell die gleichen Ergebnisse."*

**Vertrauen ist der Nährboden,
auf dem sich gute Führung entwickeln kann**

Haben Sie sich selbst schon einmal die Frage gestellt, warum
Mitarbeiter Ihnen bereitwillig folgen oder gerne für Sie als Führungskraft arbeiten sollten? Stellt man Führungskräften diese
Frage und analysiert die Antworten, wird als ein gemeinsamer
Nenner unter den Top Drei fast immer Vertrauen genannt. Vertrauen ist der Nährboden, auf dem sich gute Führung entwickeln kann.

In der heutigen schnelllebigen Zeit können die Menschen
sich nicht mehr auf gewachsenes Vertrauen verlassen. Wenn
man sich über viele Jahre kennt, die Werte seines Geschäfts-
partners erlebt hat, bildet sich Vertrauen auf der Basis lang
dauernder positiver Erfahrungen. Ist Vertrauen also eine Voraussetzung für gute Zusammenarbeit oder eher das Ergebnis
einer gelungenen Kooperation? Heutzutage wird es immer seltener, dass sich Vertrauen organisch aus langer Bekanntschaft

Vertrauen aufzubauen
wird mehr und mehr
zu einer persönlichen
Kompetenz

entwickeln kann. Vertrauen aufzubauen wird mehr und mehr
zu einer persönlichen Kompetenz, die darum weiß, dass man
nicht „alles im Griff haben" und die Umwelt kontrollieren
kann.

**Vertrauen entgegenzubringen stellt ein Risiko dar
und macht verletzlich**

Vertrauensvorschuss zu
geben ist eine bewusste
Wahl

Wer dem anderen Vertrauen entgegenbringt, setzt sich dem
Risiko aus, enttäuscht zu werden. Vertrauensvorschuss zu geben (ohne Vertrautheit zu entwickeln) ist eine bewusste Wahl
und stellt den Menschen vor eine neue Situation. Führungskräfte trauen ihren Mitarbeitern aus innerster Überzeugung
zu, dass sie ihr Bestes geben und gute Leistung abliefern wollen. Sie sind sich bewusst, dass sie unmöglich vollständig sicherstellen können, dass der andere in der von ihnen ge-
wünschten Weise handelt. Es bleibt also immer ein Restrisiko.
Vertrauen setzt immer eine Risikosituation voraus. Ohne die
Möglichkeit, verletzt zu werden oder einen Nachteil zu erleiden, kann niemand vertrauen. Die Entscheidung, die man angesichts eines Risikos treffen muss, lautet: Begegne ich der
risikoreichen Situation mit Vertrauen oder mit Misstrauen?
Das Vertrauen selbst ist nicht das Risiko. Das Risiko liegt in den
Umständen und bleibt bestehen. Es wird weder größer noch
kleiner, egal wie ich mich als Führungskraft entscheide.

Wer seinen Mitarbeitern misstraut, kann sicher sein, dass es schiefgeht

Vertraut die Führungskraft dem Mitarbeiter, besteht die große Chance, dass dieser sich als vertrauenswürdig erweist. Hier kann die Führungskraft gewinnen oder verlieren. Misstraut sie, verliert sie immer, denn letztendlich erzeugt sie das Verhalten, das sie anschließend beklagt. Wenn die Führungskraft vertraut, kann sie nicht sicher sein, dass es gut gehen wird. Wenn sie misstraut, kann sie sicher sein, dass es schiefgeht.

Misstrauische Führungskräfte werden dies immer wieder erleben, weil sie im Sinne einer sich selbst erfüllenden Prophezeiung geradezu heraufbeschwören, dass ihre Mitarbeiter das Misstrauen durch ihr Verhalten nachträglich rechtfertigen. Ein Mitarbeiter, dem misstraut wird, hat es äußerst schwer, seine Führungskraft vom Gegenteil zu überzeugen. Der Mitarbeiter denkt: *„Warum sollte ich ehrlich sein und mich anstrengen, wenn der andere mir ohnehin misstraut?"* Und bis heute kann keine Führungskraft eine hundertprozentige Kontrolle gewährleisten. Im Gegenteil, neue Kontrollmechanismen fördern lediglich die Kreativität, diese auszuhebeln.

Misstrauen rechtfertigen Mitarbeiter durch ihr Verhalten nachträglich

Es ist unsinnig, Vertrauen und Kontrolle gegeneinander auszuspielen

Vertrauen kann dabei durchaus an Bedingungen geknüpft sein. Das Lenin zugeschriebene Zitat: *„Vertrauen ist gut, Kontrolle ist besser!"* beschreibt ein Entweder-oder-Denken. Laut russischer Akademie für Sprache und Dichtung geht der Satz aber auf folgendes Sprichwort zurück, das häufig von Lenin zitiert wurde: *„Vertraue, aber kontrolliere auch."* Das zielt auf einen komplementären Einsatz von Vertrauen und Kontrolle. Es ist unsinnig, Vertrauen und Kontrolle gegeneinander auszuspielen.

Vertrauen kann durchaus an Bedingungen geknüpft sein

Am Anfang einer Beziehung zwischen Führungskraft und Mitarbeiter steht der Arbeitsvertrag. Die beiden kennen sich in der Regel nicht oder nicht gut genug, als dass Vertrauen durch positive Erfahrung gerechtfertigt wäre. Später können Zielvereinbarungen hinzukommen. Das sind Elemente des expliziten Vertrags. Trotz aller Verträge und Absprachen muss die Führungskraft Vertrauen investieren. Die Führungskraft erwartet, dass der Mitarbeiter seinen Ermessensspielraum im Sinne der Zusammenarbeit nutzt. Der Mitarbeiter hat auch Erwartungen

Ein Bündel von impliziten Erwartungen neben dem offiziellen Arbeitsvertrag

an seine Führungskraft und die Organisation. Dieser implizite Vertrag besteht also aus einem Bündel von gegenseitigen Erwartungen. In einer vertrauensvollen Beziehung wird davon ausgegangen, dass die mit der Beziehung entstandene Abhängigkeit nicht einseitig ausgenutzt wird.

Vertrauen entsteht durch die Beachtung des „Geistes" einer Vereinbarung

Der implizite Vertrag beinhaltet, dass der Mitarbeiter tut, was die Führungskraft erwartet. Die Führungskraft verzichtet auf explizite Kontrollmaßnahmen und führt den Mitarbeiter dadurch in die Eigenverantwortung. Beide verhalten sich dem „Geist" des expliziten Vertrages entsprechend. Der Vertrauensvorschuss der Führungskraft kann jederzeit missbraucht werden. Sie wählt also bewusst die Unsicherheit, den Kontrollverlust und die Möglichkeit, selber Schaden zu erleiden. Die Führungskraft gibt das Vertrauen, indem sie den impliziten Vertrag auf Kosten des expliziten Vertrages erweitert. Sie verzichtet z.B. so weit wie möglich auf Kontrollen, Sicherungsmaßnahmen, Regularien und Berichte bzw. reduziert sie auf das unbedingt notwendige Maß. So wird aktives Vertrauen zu einer Form der akzeptierten Verwundbarkeit. Verwundbar ist die Führungskraft dann, wenn ein Vertrauensmissbrauch des Mitarbeiters für sie massive Nachteile mit sich brächte. Dadurch entwickelt sich die verpflichtende Kraft des Vertrauens, denn, wie das Sprichwort sagt: *„Vertrauen verpflichtet."*

Aktives Vertrauen wird zu einer Form der akzeptierten Verwundbarkeit

Menschen suchen in Beziehungen ein ausgewogenes Verhältnis von Geben und Nehmen. Wenn sie für vertrauenswürdig gehalten werden, empfinden sie einen positiven Druck, etwas zurückzugeben. Wenn die Führungskraft einen nicht unerheblichen Teil ihres beruflichen Schicksals in die Hände ihrer Mitarbeiter legt, sie in die Verantwortung für ihr Wohlergehen bringt, dann entfaltet sich die verpflichtende Kraft des Vertrauens. Haben die Mitarbeiter das Gefühl, dass ihr Beitrag kaum zählt, wenig bewirkt oder austauschbar ist, kann sich kein Vertrauen entwickeln.

Führungskräfte unterstützen andere Führungskräfte bedingungslos

Die erste Qualität von Führungskräften besteht darin, dass sie andere Führungskräfte bedingungslos unterstützen. In vielen

Organisationen müssen sich Führungskräfte Machtstrukturen aufbauen, weil sie sich der Unterstützung ihrer Kolleginnen und Kollegen nicht sicher sein können. Manchmal hat der Drang nach Macht auch mit Aspekten der Persönlichkeitsstruktur zu tun. Darüber finden sich Ausführungen in Kapitel 2 und 3 dieses Buches.

Warum sollten Führungskräfte andere Führungskräfte bedingungslos unterstützen? Die Antwort ist relativ einfach: Wenn eine Führungskraft Verantwortung übernimmt, aus der eigenen Komfortzone heraustritt und sich für alle sichtbar zeigt, sich auch verletzlich macht, verdient diese Bereitschaft und Haltung Respekt und Unterstützung von allen Mitgliedern der Organisation, ganz besonders jedoch von den anderen Führungskräften.

Wer sich durch die Übernahme von Verantwortung verletzlich macht, verdient Respekt und Unterstützung, vor allem von anderen Führungskräften

In einigen Management-Ausbildungen wird großes Gewicht darauf gelegt, dass sich Führungskräfte gegenseitig unterstützen. Das gilt immer für den Moment, wo sich eine Führungskraft vor Mitarbeitern zeigt und bereit ist, Verantwortung für eine Situation zu übernehmen. Wenn man nicht einverstanden ist mit dem, was die andere Führungskraft vertritt, sollte man sich hinterher unter vier Augen darüber unterhalten.

Wer Verantwortung übernimmt, hat Anspruch auf volle Rückendeckung

In meiner achtjährigen Tätigkeit für ein amerikanisches Beratungsunternehmen zeigte sich das darin, dass ein Trainer, der noch in der Ausbildung war und eine Präsentation bei einer Firmenveranstaltung hielt, immer volle Unterstützung von allen Kollegen erwarten konnte. Wenn der Chef an der Körpersprache sah, dass einer der „bereits fertigen" Trainer seinen Kollegen, während dieser sich öffentlich zeigte, nicht hundertprozentig unterstützte, war das der Anlass für ein eindringliches Kritikgespräch.

Wie schon gesagt: Wenn sich jemand aus der Masse der Mitarbeiter herauswagt, sichtbar und verletzlich macht, dann hat er in diesem Moment alle Unterstützung der Welt verdient. Wer dazu nicht bereit ist, hat sich selbst als Führungskraft disqualifiziert.

Wenn wir durch die Unternehmenslandschaft schauen, ob im Profit- oder Nonprofitbereich, sehen wir in unserer Beratertätigkeit immer wieder, wie gegen diese erste Regel von Führung verstoßen wird. Das führt dazu, dass sich Führungskräfte mit Dingen beschäftigen müssen, die überflüssig sind. Denn der Aufbau von Machtstrukturen, ausschließlich um sich selber vor Kollegen zu schützen, ist verschwendete Energie. Diese ist viel besser verwendet, um den eigenen Kunden und Mitarbeitern zu dienen und die Ziele der Organisation zu verwirklichen.

Der Aufbau von Machtstrukturen, um sich vor Kollegen zu schützen, ist verschwendete Energie

Führungskräfte bemühen sich darum, ihre Mitarbeiter richtig zu verstehen

Wer erfolgreich führen will, muss das Verhalten und die diesem zugrunde liegende Motivation von Menschen begreifen

Die Effektivität einer Führungskraft wird zunehmend davon bestimmt, dass sie weiß, wie und aus welchen Motiven heraus Menschen als Individuen agieren. Darüber hinaus muss sie verstehen, warum sich Menschen in Organisationen durchaus anders verhalten als im Privatleben. Sie muss ein Verständnis davon haben, wie sich Unternehmen als soziale Systeme entwickeln. Letztendlich muss sie wissen, wie sie die Unternehmenskultur steuern und prägen kann, um die Organisation kontinuierlich so weiterzuentwickeln, dass ihr Fortbestand gesichert wird.

Das in diesem Buch später beschriebene Persönlichkeitsmodell des Enneagramms stellt eine Struktur zur Beobachtung zur Verfügung, um Verhalten und die zugrunde liegende Motivation von Menschen zu begreifen. Es ist ein wirkungsvolles Hilfsmittel, um in der alltäglichen Führungspraxis das Paradoxon zu meistern, Mitarbeiter in ihrer Persönlichkeit so zu akzeptieren, wie sie sind, und doch positiv verändernd auf sie einzuwirken, wenn sie Fehlverhalten zeigen oder ihre Potenziale nicht nutzen.

Mitarbeiter in ihrer Persönlichkeit akzeptieren und doch positiv verändernd auf sie einwirken

Was die Unternehmenskultur für die Organisation ist, lässt sich vergleichen mit dem, was die Persönlichkeit für das Individuum ist. Kultur beschreibt Werte und Normen und ihren Einfluss auf menschliches Handeln. Die ungeschriebenen Gesetze der Kultur haben Einfluss auf soziale Systeme, ermöglichen die Entwicklung einer eigenen Identität und führen zur „kollektiven Programmierung" des menschlichen Denkens.

„Gute Führung braucht einen starken Charakter, der auf guten Werten gründet. Dies gilt auch für einen Chef, der sein Unternehmen und seine Mitarbeiter wirksam führen möchte", so Fournier. Er postuliert dazu folgenden prägnanten Zyklus von Bedingungen:

FÜHRUNG BRAUCHT VERTRAUEN!
VERTRAUEN BRAUCHT GLAUBWÜRDIGKEIT!
GLAUBWÜRDIGKEIT BRAUCHT CHARAKTER!

1.2 Authentizität in der Führungsrolle

Glaubwürdigkeit und Wahrhaftigkeit meinen nichts anderes als Authentizität. Das Hauptthema dieses Buches – Authentizität in der Führung – nimmt verdientermaßen einen immer größeren Anteil in der Diskussion um Führungskultur und Führungsverhalten ein.

Glaubwürdigkeit und Wahrhaftigkeit meinen nichts anderes als Authentizität

Eine Studie der Akademie für Führungskräfte in Überlingen und Bad Harzburg belegt, dass über 60 Prozent der 267 Befragten Authentizität für die wichtigste Führungseigenschaft halten, insbesondere in schwierigen Zeiten. Unter allen genannten Eigenschaften belegte Wahrhaftigkeit mit 62 Prozent den Spitzenplatz vor Begeisterungsfähigkeit (59 Prozent), Belastbarkeit (58 Prozent), Fachkompetenz (46 Prozent), Moderationskompetenz bei Konflikten (44 Prozent), Einfühlungsvermögen (42 Prozent), Durchsetzungsfähigkeit (36 Prozent), Kreativität (34 Prozent), Gelassenheit (31 Prozent) und Mut (27 Prozent). Die befragten Führungskräfte waren aufgefordert, aus 17 vorgegebenen Kompetenzen fünf auszuwählen.

Authentizität führt die Hitliste der Führungskompetenzen an

Führungskräfte selbst setzen mehr auf Authentizität als auf Autorität

Die meisten hielten es für falsch, in schwierigen Zeiten auf Autorität qua Amt, also hartes Durchgreifen und strenge Disziplin, zu setzen. Trotzdem räumten 68 Prozent der befragten Führungskräfte selbstkritisch ein, in Krisen zu mehr autoritärer Führung zu neigen. Auch wurde die persönliche Kompetenz für weitaus entscheidender eingeschätzt als Branchen-Knowhow oder Fachkompetenz. In der Krise ist der Chef / die Chefin weniger als Experte/Expertin denn als Mensch gefordert. Hier hat die Führungskraft die Herausforderung zu bestehen, sich durch persönliche Kompetenzen auszuzeichnen.

Gerade in Krisenzeiten neigen viele zu autoritärer Führung

Persönliche Kompetenz ist wichtiger als Fachkompetenz

In vielen Artikeln, Büchern und Seminaren werden Führungskräfte aufgefordert, möglichst echt zu sein, möglichst authentisch. Da stellt sich natürlich die Frage, was denn das sein soll – *„echt"*? Heißt das, bleib wie du bist, in deinen guten wie in deinen schlechten Eigenschaften? Nagel deine Mitarbeiter guten Gewissens an die Wand, wenn dir danach ist? Lass deinen Gefühlen oder deinem Ärger freien Lauf, die Mitarbeiter merken ja ohnehin, dass du kochst?

Authentisch zu sein ist kein Freibrief, nicht an sich zu arbeiten

Die Aussage, die Berechenbarkeit des Chefs sei eine wichtige Voraussetzung, um von den Mitarbeitenden anerkannt und respektiert zu werden, haben viele falsch verstanden und als Ausrede benutzt, nicht an sich selber arbeiten zu müssen.

Den Spagat zwischen Rollenverhalten und Authentizität meistern

Vorbei sind die Zeiten, in denen Manager aufgefordert wurden: *„Sei authentisch! Mach dir keine Sorgen! Sei, wie du bist! Die Mitarbeiter empfinden jedes ‚Sichverbiegen' als nicht authentisch!"* Mit solchen falschen Aufforderungen oder leicht falsch zu verstehenden Aussagen bestärkt man Führungskräfte darin, blind zu bleiben, sich nicht mit den eigenen gewohnheitsmäßigen, instinktiven Verhaltensmustern auseinanderzusetzen. So löst man keine Führungsprobleme. Außerdem ist es nach Ansicht der Autoren ethisch verwerflich.

Sich selbst treu bleiben und doch die Rolle als Führungskraft ausfüllen

Das vorliegende Buch soll Anregungen vermitteln, wie man den Spagat zwischen dem verlangten Rollenverhalten als Führungskraft einerseits und der Forderung nach authentischem Verhalten andererseits besser und vor allem eleganter meistern kann. Der Fokus liegt dabei darauf, die Fähigkeit zur Selbstbeobachtung zu trainieren, ein Gespür für andere Menschen zu entwickeln, die eigene Wirkung zu analysieren, Respekt zu zeigen für Menschen, die andere Verhaltensweisen an den Tag legen, sich selbst treu zu bleiben und letztendlich mehr Führungs- und Managementkraft zu entwickeln.

Authentizität erzeugt eine natürliche, akzeptierte Autorität

Wir wollen zunächst mit einigen Begriffsdefinitionen aus Wahrigs Deutschem Wörterbuch beginnen. *„Authentizität"* bedeutet *Echtheit, Glaubwürdigkeit, Zuverlässigkeit,* das Adjektiv *„authentisch"* bedeutet *verbürgt, echt, zuverlässig* (griechisch authentikos – *gültig, echt, glaubwürdig*) und das Verb *„authentifizieren"* bedeutet *die Echtheit von etwas bezeugen, beglaubigen.*

Unter dem Begriff *„authentic"* finden sich im englischen Wörterbuch (Webster's Third New International Dictionary) Erklärungen, die interessant für den Kontext sind und deswegen von den Autoren zusammengefasst und übersetzt wurden. Authentisch bedeutet so viel wie über eine Autorität zu verfügen, die nicht mehr hinterfragt oder herausgefordert wird und die es wert ist, akzeptiert zu werden, oder der man glaubt, weil sie konform ist mit den Fakten der Realität, und die nicht durch Beweise oder durch Zeugen widerlegt werden kann. Die verwendeten Synonyme sind *vertrauenswürdig, glaubwürdig, glaubhaft* und *überzeugend*. Authentisch ist etwas legal Gültiges, das nicht imaginär ist und auf Einbildung basiert oder einen trügerischen Schein hervorruft, der auf Blenden oder Bestechen basiert. Weiterhin ist Authentizität etwas, das einen Ursprung hat, der nicht infrage steht, und das nicht kopiert, gefälscht, unecht oder nachgemacht ist.

Authentisch betont die Treue zu etwas, das aktuell und an Fakten orientiert ist, vereinbar mit einem gewissen Ursprung oder einer Quelle, eine Übereinstimmung mit bestimmten Gepflogenheiten, Gebräuchen und Traditionen aufweist oder die vollständige Aufrichtigkeit und Offenheit, ohne etwas vorzutäuschen, zu simulieren oder zu heucheln.

Authentisch zu sein heißt, über eine Autorität zu verfügen, die nicht mehr hinterfragt oder herausgefordert wird

Authentizität ist bewusste Natürlichkeit

Aus diesen Definitionen wird deutlich, dass Authentizität in der Führung etwas mit charakterlichen Qualitäten zu tun hat, die echt sind und nicht vorgetäuscht werden. Sie basieren auf tatsächlichen Erfahrungen, haben ihren Ursprung in der Persönlichkeit, sind an Realität und faktischen Gegebenheiten orientiert und können nicht durch andersartige Beweise oder Zeugenaussagen widerlegt werden.

Charakterliche Qualitäten, die echt sind und nicht vorgetäuscht werden

EINE AUTHENTISCHE FÜHRUNGSKRAFT SPIELT DIE VON DER ORGANISATION GEFORDERTE ROLLE IN EINKLANG MIT IHREN EIGENEN, BEWUSST GEWÄHLTEN WERTVORSTELLUNGEN.

Eine Führungskraft ist authentisch, wenn ihre inneren Überzeugungen im äußeren Tun sichtbar werden und jeder Mensch im Umfeld weiß, wofür sie steht. Dazu muss sie sich selbst ein klares Werte-Fundament schaffen und dann tagesaktuelle Entscheidungen an diesem Gerüst von Grundwerten orientieren. So paradox es klingt, aber eine authentische Wirkung auf andere erwächst aus einer bewussten Natürlichkeit. Das setzt also zunächst Selbstreflexion und die Entwicklung eines stim-

Innere Überzeugungen werden im äußeren Tun sichtbar

migen Selbstkonzeptes voraus. Bei der Selbstreflexion gilt es, die Architektur der eigenen Persönlichkeit zu kennen und zu akzeptieren.

Authentische Führungskräfte sind sich ihrer Wirkung auf andere bewusst

Authentische Führungskräfte kennen sich selber sehr genau. Sie sind sich ihrer Glaubenssätze und ihres Wertesystems bewusst. Sie haben gelernt, mit anderen Menschen darüber zu sprechen, auch wenn das Angst macht, ein Wagnis ist oder zu einer nicht mehr kontrollierbaren Verletzlichkeit führt. Sie haben sich Zeit dafür genommen, eine Vision für das eigene Leben zu entwickeln. Sie haben ihren inneren Beobachter so trainiert, dass sie ihr inneres Erleben und äußere, aktuelle Situationen aus der Meta-Perspektive sehen können. Sie sind sich gleichzeitig ihrer Rolle bewusst, nehmen diese Verantwortung wahr und stehen trotz äußerer Widerstände zu ihrem Urteil, das auf ihrem Wertesystem basiert. Dabei sind sie sich bewusst, dass es nicht um starre Rechthaberei geht, sondern zollen ihren Mitarbeitern, Kollegen und Kunden Respekt.

Authentische Führungskräfte können sich und andere aus einer Meta-Perspektive heraus wahrnehmen

Das Wort *„Respekt"* stammt von dem lateinischen *„respectare"*: *re = wiederholt* und *spectare = hinschauen.* Das heißt, dass authentische Führungskräfte bei ihren Mitarbeitern immer wieder neu hinschauen, egal was vorher war, und bereit sind, ihr Urteil anzupassen, wenn das erforderlich ist. Denn nur so wird es möglich sein, die Aussage des amerikanischen Psychologen und Philosophen William James zu entkräften: *„Viele Menschen glauben, sie würden denken, während sie in Wirklichkeit nur ihre Vorurteile neu ordnen."*

Authentische Führungskräfte überzeugen durch die Übereinstimmung von Wort und Tat

Sie übernehmen Verantwortung für ihre Gefühle und schieben die Schuld für ihre (negativen) Gefühle nicht auf andere. Sie haben ein positives Selbstwertgefühl als Ergebnis jahrelanger Persönlichkeitsentwicklung. Sie kennen ihre Stärken, die Bereiche, in denen sie nicht stark sind, und wissen sich selbst zu zügeln, wenn sie ihre Stärken übertreiben, weil jede Übertreibung einer Stärke zur Unart und damit zur Schwäche wird. Sie haben gelernt, eine innere Gelassenheit (wohlgemerkt nicht Losgelöstheit) zu empfinden, selbst wenn sie sich „im Auge des Taifuns" befinden, z.B. wenn widersprüchliche Situationen noch keine klare Entscheidung ermöglichen. Feed-back von anderen ist ihnen wichtig, aber sie sind nicht davon abhängig. Authentische Führungskräfte kennen sich selbst genug, um zu wissen, zu welchen Reaktionen sie besonders unter Stress oder bei Zeitdruck neigen, und haben gelernt, diese automatischen Reaktionsmuster positiv zu beeinflussen, sobald sie sich ankündigen. Authentische Führungskräfte sind sich ihrer Wirkung auf andere bewusst und machen sich darüber Gedanken. Sie wägen ab und haben ein Gespür dafür entwickelt, wann Offenheit und wann Diplomatie gefragt ist, wenn sie mit ihrer Umwelt kommunizieren. Das mag nun wiederum paradox klingen, aber authentische Führungskräfte wissen um die eigene Wirkung und kalkulieren diese auch in ihrer Selbstdarstellung ein, ohne dabei das eigene System an Wertvorstellungen zu verlassen.

Authentische Führungskräfte handeln auch unter Stress und Zeitdruck verantwortungsvoll

Zusammenfassend lässt sich sagen, dass Authentizität eine Frage der Persönlichkeitsentwicklung ist. Mitarbeiter können ihre Führungskraft nur auf der Basis von dem beurteilen, was sie in Handlungen sehen und in Worten hören. Dazu haben die Mitarbeiter eine Rollenerwartung an die Führungskraft und es gibt immer Einflüsse auf das Verhalten von Führungskräften durch Unternehmenskultur und -struktur. Je kongruenter das Gesamtbild der Führungskraft erscheint, desto authentischer wirkt sie auf ihre Mitarbeiter.

Authentizität ist eine Frage der Persönlichkeitsentwicklung

Die authentische Führungskraft arbeitet an sich selbst und spornt damit die Mitarbeiter an, dies auch zu tun

Stellt eine Führungskraft Schwächen bei einem Mitarbeiter fest, z.B. dass dieser immer wieder zu spät kommt, wird von ihr erwartet, dass sie interveniert. Hat sie selbst jedoch ebenfalls Probleme mit der Pünktlichkeit, sollte sie in den Spiegel blicken und das notwendige Kritikgespräch nutzen, um konkrete Vorsätze zur Behebung ihrer eigenen Schwäche zu entwickeln. Tut sie dies, steigt die Chance, dass auch der Mitarbeiter sein Verhalten ändert und pünktlicher wird.

Die Führungskraft ist Vorbild ihrer Mitarbeiter wenn es um Kommunikation und Kultur geht

Weniger gut reflektierte Chefs sind gefährdet, dem Mitarbeiter sein Fehlverhalten vorzuhalten und selbst am eigenen schlechten Vorbild nichts zu ändern. Dieses Verhalten erntet in vielen Fällen Widerstand statt Veränderung. Die erfolgreiche Führungskraft belehrt ihren Mitarbeiter nicht von oben herab.

Sie nimmt vielmehr wahrgenommene Schwächen des Mitarbeiters zum Anlass, gegebenenfalls eigene Schwächen zu verbessern.

1.3 Verantwortung und Führungsrolle

Wenn wir in unseren Seminaren den Führungskräften 45 Minuten Zeit geben, um ihre Führungsrolle zu definieren, ist immer wieder frappierend, dass die Ergebnisse der Kleingruppenarbeit nur ein oder zwei Begriffe beinhalten, die identisch sind. Ein Zeichen dafür, wie unterschiedlich die Führungsrolle begriffen wird.

Differenzierung von Rolle und Aufgabe

Der nächste Schritt ist enorm wichtig, nämlich die Differenzierung von Rolle und Aufgabe, wie an einem Beispiel aus der Praxis deutlich wird:

Über einen längeren Zeitraum habe ich den jungen Direktor einer europäischen Vertriebsorganisation eines bekannten deutschen Großkonzerns gecoacht. Zu dieser Tätigkeit gehörten regelmäßige Treffen unter vier Augen und die Begleitung bei Meetings, Mitarbeitergesprächen oder Kundenbesuchen. Die Hauptabsicht dieses Projekts war die mit konkreten Zielen und Maßnahmen schriftlich fixierte Optimierung des Zeitmanagements. Sehr schnell wurde klar, dass es ganz andere Faktoren waren, die die zeitliche Überlastung dieser Führungskraft verursachten. Neben einigen strukturellen Aspekten (so berichteten z.B. 15 internationale Key-Account-Manager aus ganz Europa und vier Junior Key-Account-Manager an diese eine Führungskraft, was für keinen Menschen zu leisten ist) war die fatale Mischung aus Rollenverständnis, daraus abgeleiteten Aufgaben und dem Persönlichkeitsprofil die Hauptsache.

In der Definition seiner eigenen Rolle sah sich unser Direktor als Vorbild für seine Mitarbeiter. Dagegen ist nichts einzuwenden. Da er vom Persönlichkeitsprofil jedoch ein Perfektionist war (Persönlichkeitsprofil Eins, siehe Kap. 2.1 und 3.1), führte das dazu, dass er alles, was er von seinen Mitarbeitern einforderte, auch selber vorleben wollte. Auch hiergegen ist grundsätzlich nichts einzuwenden. Es kann jedoch leicht zu totaler

Überlastung führen, wenn nicht zwischen Rolle und Aufgabe unterschieden wird. Was ist damit konkret gemeint?

Der Versuch, in allen Belangen Vorbild zu sein, ist zum Scheitern verurteilt

Die Rolle der Führungskraft als Vorbild für ihre Mitarbeiter bezieht sich auf die Kommunikation, die Vermittlung von Kultur und die Bereitschaft, das eigene Handeln nach übergeordneten Werten auszurichten. Damit ist nicht gemeint, auch selber alle Aufgaben so auszuführen, wie es von den Mitarbeitern verlangt ist.

Kein Vorgesetzter kann selber sämtliche Rollen so ausfüllen, wie er es von seinen Mitarbeitern erwartet

In unserem Beispiel hatte die Organisation Blackberrys angeschafft. Mit diesen Geräten wird die gesamte E-Mail-Korrespondenz direkt auf das Mobiltelefon weitergeleitet, ohne dass die E-Mails abgerufen werden müssen. Die Absicht war, die Kommunikation zum Kunden und untereinander zeitnaher zu gestalten. Um dies zu erreichen, lautete die damit verbundene Regel, dass E-Mails des Direktors an seine Key-Account-Manager innerhalb von vier Stunden zu beantworten seien. Die Ausnahme davon war gegeben, wenn sich jemand in Verhandlungen mit Kunden befand. Da die Key-Account-Manager alle aus dem Home Office heraus arbeiteten, ist das eine realistische Regel. Nun konnte unser perfektionistisch veranlagter Direktor als Vorbild für seine Mitarbeiter natürlich nicht solch eine Regel ausgeben, ohne sich selber daran zu halten. Über einen längeren Zeitraum führte das dazu, dass er täglich mehrere Stunden E-Mails beantwortete. In seinem Rollenverständnis war klar definiert, dass er an erster Stelle seine Mitarbeiter entwickeln und weiterhin seine Vertriebsabteilung im Konzern strategisch neu positionieren wollte. In beiden Feldern leistete er hervorragende Arbeit.

Die Differenzierung zwischen Rolle und Aufgabe ist entscheidend

Es hat einige Mühe gekostet, dieser Führungskraft klarzumachen, dass es für ihre Rolle nicht angemessen und damit unverantwortlich war, ihr Zeitmanagement so zu gestalten, dass die wöchentliche Arbeitszeit für ihre beiden gemäß eigener Rollendefinition wichtigsten Prioritäten im ein- bis zweistelligen Minutenbereich lag, jedoch vier Stunden pro Tag E-Mails beantwortet wurden.

Hier kommt die Differenzierung zwischen Rolle und Aufgabe zum Tragen. Selbstverständlich kann eine Führungskraft Vorbild sein, ohne E-Mails kurzfristig zu beantworten, obwohl sie genau dieses von den Mitarbeitern verlangt. Vorbild sollte die Führungskraft im Bereich der Kommunikation und Kultur sein, nicht bei jeder einzelnen Aufgabe.

Was für die Mitarbeiter gilt, muss nicht notwendig auch für die Führungskraft gelten

Als die hier beschriebene Führungskraft verstand, dass es durchaus verantwortlich sein kann, von den Mitarbeitenden etwas zu verlangen, was sie selbst nicht tat, war der nächste Schritt fällig. Denn aus unserer Sicht ist es für die Rolle von Key-Account-Managern verantwortlich, dass sie E-Mails von ihrer Führungskraft zu wichtigen Kundeninformationen innerhalb von vier Stunden beantworteten. Für die Führungskraft ist dies jedoch unnötig Zeit raubend und damit völlig unverantwortlich. Mit einer Vorlaufzeit von sechs Wochen wurde daher allen Mitarbeitern kommuniziert, dass ihr Chef zukünftig keine E-Mails mehr öffnen würde, die nur als Kopie an ihn gingen. Die nächste Steigerung war dann, dass die E-Mail immer direkt an die Führungskraft gerichtet sein musste und dass die Key-Account-Manager sich ein knackiges Nutzenargument für die Betreffzeile überlegen sollten, das die Führungskraft motivieren sollte, die E-Mail zu öffnen. Da es sich ausschließlich um Vertriebsmitarbeiter handelte, war ihnen klar, was ein knackiges Nutzenargument ist.

Nachdem sich alle Mitarbeiter an diese Vorgehensweise gewöhnt hatten, die aus Sicht der Autoren für eine Führungskraft verantwortlich ist, konnte die benötigte Zeit für E-Mails von vier Stunden pro Tag auf zwei Stunden reduziert werden. Es wird deutlich, dass es sich weniger um einen handwerklichen Fehler im Zeitmanagement dieser Führungskraft handelte, sondern um eine unheilvolle Gemengelage aus falsch verstandenem Rollenverständnis, fehlender Differenzierung von Rolle und Aufgabe und charakterlicher Grunddisposition, die zu dem Problem geführt hatte.

Nach außen Botschafter des Unternehmens – nach innen Anwalt des Kunden

Bei einem Coaching-Tag mit einem Außendienstmitarbeiter beobachteten wir Folgendes: Der Kunde, Geschäftsinhaber eines Einzelhandelsgeschäfts, den wir mit unserem Coaching-Klienten besuchten, beschwerte sich bei dem Außendienstmitarbeiter, dass die Veränderung des Verpackungsdesigns eines der Hauptprodukte seiner Firma von einem unansehnlichen Grau zu einem wirklich ansprechenden Dunkelblau mit Goldrand dazu führte, dass viele Kunden das Produkt nicht mehr im Regal fanden und sich beim Verkaufspersonal beschwerten. Immer wieder musste das Verkaufspersonal Erklärungen liefern, was inzwischen zu einigem Unmut gegenüber diesem Hersteller geführt hatte. Worauf der Außendienstmitarbeiter mit folgender Bemerkung Zustimmung gab: *„Recht haben Sie! Wir haben einen neuen Geschäftsführer: Der hat eine ganze Marketingabteilung eingestellt. Jetzt musste er die Kosten rechtfertigen. Deswegen wurde das gemacht."*

Als wir den Außendienstmitarbeiter fragten, warum er so reagiert habe, argumentierte er, dass er das sehr bewusst gesagt habe. Er würde kundenorientiert denken und da müsse man dem Kunden Recht geben. Er mache sich immer zum Anwalt seines Kunden. Das sei praktizierte Kundenorientierung.

Als wir uns dann über die verschiedenen Rollen des Außendienstmitarbeiters austauschten, einmal Botschafter des eigenen Unternehmens zu sein und natürlich auch Anwalt des Kunden, einigten wir uns schnell auf folgendes Verständnis: Vor Ort beim Kunden ist der Außendienstmitarbeiter Botschafter seines Unternehmens, in dem Moment aber, wo er den Fuß über die eigene Türschwelle setzt, wird er zum Anwalt des Kunden. Dadurch, dass der Außendienstmitarbeiter diese beiden Rollen vertauscht hatte, führte dies zu einem Verhalten, das letztendlich das Ansehen seines eigenen Unternehmens schädigte. Um dieses kontraproduktive Verhalten zu ändern, war kein Kritikgespräch notwendig. Es reichte, dem Außendienstmitarbeiter die sich widersprechenden Rollen bewusst zu machen und zu klären, welche Rolle wo angebracht war.

Kundenorientierung nicht um den Preis, das eigene Unternehmen in ein schlechtes Licht zu stellen

Im deutschen Sprachraum ist Verantwortung eher negativ konnotiert

Zum weiteren Verständnis für die eigene Führungsrolle seien an dieser Stelle ein paar Gedanken zum Thema Rolle und Verantwortung aufgeführt. Zunächst die Definition des Begriffs *„Verantwortung"* aus Wahrigs Deutschem Wörterbuch:

- Pflicht; Bereitschaft, für seine Handlungen einzustehen, ihre Folgen zu tragen; Rechtfertigung, Verteidigung; Rechenschaft.

- die Verantwortung ablehnen, haben, tragen, übernehmen; die Verantwortung kann dir niemand abnehmen; er versuchte, die Verantwortung von sich abzuwälzen; er wollte mir die Verantwortung aufbürden, zuschieben; jemanden der Verantwortung entheben; sich der Verantwortung (durch die Flucht) entziehen; die Verantwortung lastet schwer auf ihr; die Verantwortung ist mir zu groß; eine schwere Verantwortung auf sich nehmen; ihm fehlt der Mut zur Verantwortung; jemanden für etwas verantwortlich machen, ihm die Schuld daran geben; Verantwortlichkeit, das Verantwortlichsein; (Rechtswesen) Zurechnungsfähigkeit, Schuld.

Hier zu Lande ist Verantwortung vielfach negativ besetzt

Diese (von den Autoren verkürzte) Auflistung von dem, was unser Wörterbuch unter *„Verantwortung"* aufführt, macht deutlich, was wir im deutschen Sprachraum damit assoziieren und darunter verstehen. Wer als Führungskraft im Unternehmen bei solchen Assoziationen dann fragt, wer denn gerne Verantwortung übernehmen möchte, muss erwarten, dass die Resonanz gering bleiben wird. Der Begriff hat fast ausschließlich negative Konnotationen. Auch wenn sich im Laufe der Zeit Wortbedeutungen verändern, spiegelt die Sprache eine Menge davon wider, was eine Kultur an Werten schätzt und was nicht. Nach dieser Definition ist Verantwortung also eher etwas, was es zu vermeiden gilt.

Im angelsächsischen Sprachraum kommt Verantwortung eine positive Bedeutung zu

An dieser Stelle möchten wir eine ganz andere Definition von Verantwortung aus dem englischsprachigen Webster's College Dictionary anbieten (von uns übersetzt):

- fähig sein, für das eigene Verhalten und für Verpflichtungen geradezustehen
- vom Charakter her ein moralisch frei Handelnder sein: fähig sein, das eigene Handeln zu bestimmen
- jemand, der Verantwortung akzeptiert; besonders: ein Handelnder (ein Akteur oder Schauspieler), der vorbereitet ist, verschiedene wichtige Rollen einzunehmen, je nachdem, was die Situation erfordert

Hier wird die ganz andere Sichtweise im angelsächsischen Sprachraum zum Thema Verantwortung deutlich: Jemand, der seiner Rolle entsprechend angemessen auf eine Situation antwortet, handelt verantwortlich. In deutschsprachigen Ländern wird leider zu häufig ein Sündenbock gesucht und anderen die Schuld zugeschoben. Dies meistens in dem Bestreben, sachlich alles richtig zu machen, damit der Vorgesetzte einem keine Fehler nachweisen kann.

Bei uns werden Sündenböcke gesucht und Schuld wird verschoben

Bei uns wird Verantwortung systematisch verschoben

Hierzu ein Beispiel aus einer überregionalen deutschen Tageszeitung: *„In einem landeseigenen Gebäude ist erheblicher Schaden durch geplatzte Heizkörper entstanden. Schon im November hatte ein Nachbar dem Staatshochbauamt geschrieben, dass die Heizung des ungenutzten Hauses abgestellt worden war. Er erklärte sich auch bereit, im Haus während des Winters (im Januar gab es Temperaturen von – 22° Celsius) nach dem Rechten zu sehen – natürlich unentgeltlich. Das Amt reagierte mit einem Formbrief und leitete die Warnung an die Bezirksregierung weiter, die sich für nicht zuständig erklärte. Pressesprecherin C. Z. begründet das so: „Wir haben gar nicht die Fachleute, die technischen Fragen (zur Heizung) beurteilen können."*

Sachlich ist das Amt damit „aus dem Schneider" (die Amerikaner sagen dazu „cover your a ..." – schütze deinen Achtern) und nach deutscher Sichtweise von Verantwortung ist allen Anforderungen Genüge getan. Ein typisches und auch äußerst kostspieliges Beispiel für eine so genannte „Systemantwort". Mit Systemantwort ist gemeint, dass sich die betroffene Person hinter dem System verschanzt und sich mit auf diesen speziellen Fall nicht unbedingt zutreffenden Regeln des Systems rechtfertigt. Das Haus musste letztlich abgerissen werden, weil sich später herausstellte, dass auch die Wasserrohre in den Wänden geplatzt waren. Zur Rechenschaft gezogen wurde niemand, weil niemand einen nachweislichen (System-)Fehler gemacht hatte.

„Nicht zuständig zu sein", scheint ein Problem der Deutschen zu sein

Verantwortung heißt, eine der Rolle angemessene Antwort finden

Gemäß dem angelsächsischen Verständnis von Verantwortung würde die oben geschilderte Argumentation des Amtes nicht „durchgehen". Verantwortung erfordert von dem, der gefragt wird, dass er eine für seine Rolle angemessene Antwort findet. Im geschilderten Fall wären gesunder Menschen-

verstand, ein Ortsgespräch und ein Termin für die Schlüssel-
übergabe für das Gebäude eine angemessene Antwort
gewesen. Wenn ich gefragt werde, muss ich antworten und
eine meiner Rolle entsprechende angemessene Antwort geben. Dies ist im Umgang mit der Öffentlichkeit bzw. im Umgang
mit Kunden der Fall, aber vor allem im Umgang mit Mitarbeitern.

In unserer Tätigkeit als Kommunikationstrainer werden wir
häufig von Organisationen engagiert, die uns beauftragen,
den Führungskräften, den Vertriebsmitarbeitern oder den
Kundenberatern spezielle Kommunikationsfähigkeiten zu vermitteln. Häufig stellen wir fest, dass die Betroffenen bereits
über sehr gute Kommunikationsfähigkeiten verfügen. Die
Kommunikationsstörungen basieren darauf, dass die Rollen
der einzelnen Akteure nicht klar definiert sind oder die an bestimmte Rollen geknüpften Erwartungen nicht übereinstimmen.

*Wenn Rollen und Rollen-
erwartungen nicht
geklärt sind, droht Kom-
munikation zu scheitern*

Unscharfe Strukturen sind die Hauptursache für Konflikte

Nach wissenschaftlichen Untersuchungen des ArtSet Instituts
in Hannover basieren ca. 90 Prozent aller Konflikte in Organisationen auf der Unschärfe der Strukturen. Dazu zählen auch
nicht klar definierte Rollen und nicht explizit ausgedrückte Erwartungen, die von verschiedenen Mitgliedern der Organisation an diese Rollen geknüpft sind. Um diese zu klären und untereinander zu kommunizieren, werden in den Organisationen
der Wirtschaft und zunehmend auch der Verwaltung, Bildung,
Kultur und des Gesundheitswesens Mitarbeitergespräche ein-
gesetzt. Auch das vorliegende Buch möchte einen Beitrag dazu leisten, die Motive und Absichten anderer Menschen besser
zu verstehen, um mehr gelingende Beziehungen in Organisationen zu erreichen.

Exzellente Führung ist eine der größten Herausforderungen,
mit denen Organisationen heutzutage konfrontiert werden.
Viele Führungskräfte werden innerhalb von wenigen Jahren
wieder versetzt oder entlassen, obwohl sie vielleicht sogar
ganz gute Erfolge zu verzeichnen hatten. In vielen Organisationen auf der ganzen Welt, nicht nur im deutschen Mittelstand,
gibt es Krisen wegen schwieriger oder unzulänglicher Nachfol-
geregelungen, weil Führungstalent nicht systematisch entwickelt wurde.

*Vielfach wird Führungs-
talent nicht systematisch
entwickelt*

1.4 Soziale Kompetenz

Die Diskussionen der letzten Jahre um emotionale Intelligenz (EQ) haben die größten Aufschlüsse darüber gegeben, was eine exzellente Führungskraft ausmacht. Emotionale Intelligenz wurde als der stärkste Indikator für Führungserfolg bezeichnet, noch vor dem Intelligenzquotienten (IQ) und auch noch vor dem weiten Feld von Berufserfahrung.

Emotionale Intelligenz gilt als der stärkste Indikator für Führungserfolg

Emotionale Intelligenz beschreibt intra-personale Intelligenz, was so viel bedeutet wie sich selbst gut zu kennen und zu akzeptieren, sich selbst gut zu organisieren und zu motivieren, und inter-personale Intelligenz, was so viel bedeutet wie mit anderen Menschen effektive Beziehungen auf- und auszubauen. Führungskräfte müssen sich selber beeinflussen, indem sie an sich arbeiten und sich ständig menschlich weiterentwickeln, und sie müssen andere beeinflussen und mit anderen arbeiten, sodass die Ziele der Organisation erreicht werden. Ob das wirtschaftliche Ziele im Geschäftsleben oder andere Ziele im Nonprofitbereich sind, spielt dabei keine Rolle.

Eine Verallgemeinerung möchten wir aus jahrzehntelanger Erfahrung mit Führungskräften im Profit- und Nonprofitbereich an dieser Stelle wagen:

JEDE EXZELLENTE ORGANISATION VERFÜGT AUCH ÜBER EXZELLENTE FÜHRUNG.

Soziale Kompetenz ist zukünftig *die* Schlüsselqualifikation für Führungskräfte

Der mit seinen Büchern über emotionale Intelligenz bekannt gewordene Autor Daniel Goleman erläutert in seinem letzten Werk, *„dass es erhebliche Nachteile hat, die emotionale und soziale Intelligenz einfach zusammenzuwerfen. Vor allem hemmt es die Entstehung neuer Ideen bezüglich der Fähigkeit des Menschen, Sozialbeziehungen einzugehen. Die Gefahr besteht darin, uns ausschließlich auf das zu konzentrieren, was in uns vorgeht, und dabei zu übersehen, was sich während der sozialen Interaktion ereignet."*

Es geht um die Fähigkeit, Beziehungen zu Menschen aufzubauen und zu pflegen, unliebsame Botschaften empathisch vermitteln zu können, sich besser durchsetzen zu können, andererseits den Teamgeist zu pflegen und nicht alles von oben anzuordnen.

Der Begriff der sozialen Kompetenz ist umfassender als der Begriff der emotionalen Intelligenz

Da der Begriff der sozialen Kompetenz noch umfassender ist als der Begriff der emotionalen Intelligenz, ist es angebracht, diesen genauer unter die Lupe zu legen und die Bestandteile genauer zu definieren. Sicherlich hat es auch eine begriffliche Verwirrung im Hinblick auf die Frage gegeben, welche menschlichen Fähigkeiten man dem emotionalen und welche man dem sozialen Bereich zuordnen sollte. Das ist nicht verwunderlich, denn diese beiden Bereiche überlappen sich, so wie sich die sozialen und emotionalen Zentren im Gehirn überschneiden. Man kann auch sagen, dass viele Emotionen sozial seien, da sie etwas mit Beziehungen zu unserer Umwelt zu tun haben. Die Ursachen von Emotionen lassen sich kaum von der Welt der sozialen Beziehungen trennen. Im Umkehrschluss kann man auch behaupten, dass unsere Gefühle von unseren sozialen Kontakten stark beeinflusst werden.

Der Mensch ist auf gelingende zwischenmenschliche Beziehungen ausgerichtet

Kern aller Motivation des Menschen ist es, zwischenmenschliche Anerkennung, Wertschätzung, Zuwendung oder Zuneigung zu finden und zu geben. Joachim Bauer sagt sinngemäß:

Der Erhalt von sozialer Anerkennung ist eines der stärksten Motive des Menschen

Aus neurobiologischer Sicht – sozusagen in Bezug auf unsere „Hardware" – sind wir auf soziale Resonanz und Kooperation ausgerichtete Wesen. Unsere Motivationssysteme springen dann an, wenn Anerkennung, Zuwendung und Liebe im Spiel sind, und schalten ab, wenn keine Chance auf soziale Zuwendung besteht. Egal, welche Ziele wir im Alltag verfolgen, sei es in der Ausbildung oder im Beruf, aus der Sicht unseres Gehirns haben sie ihren „tieferen" Sinn darin, zwischenmenschliche Beziehungen aufzubauen oder zu erhalten. Dieser Drang ist stärker ausgeprägt als das, was allgemein als „Selbsterhaltungstrieb" bezeichnet wird. Der Mensch möchte Kooperation mit anderen Menschen erreichen, und das in gelingenden Beziehungen. Die zwischenmenschliche Beziehung ist die Quelle, aus der sich Anerkennung, Vertrauen und Motivation herleiten. Wird sozialer Kontakt über längere Zeit vorenthalten, hat das den biologischen Kollaps der Motivationssysteme des menschlichen Gehirns zur Folge.

Beziehungen gelingen besser durch emotionale Resonanz

Beziehungen gelingen, wenn Menschen als Person wahrgenommen werden. Allein dies zu spüren erzeugt Motivation. Nichtbeachtung ist ein Beziehungs- und damit auch Motivationskiller und damit Ursprung für Aggression. Zum Gesehenwerden gehört natürlich auch die Bereitschaft, sich als Person zu erkennen zu geben, offen zu sein und zu sich selbst zu stehen. Anteilnahme für eine andere Person zeigen wir, wenn wir uns dem zuwenden, wofür sich der andere interessiert. In dieser einfachsten Form von Anteilnahme liegt ein erhebliches Potenzial, was ungenutzt oder verschwendet wird, wenn Führungskräfte in Besprechungen nicht konzentriert zuhören, wenn die Mitarbeiter etwas vorbringen.

Allein als Person wahrgenommen zu werden, erzeugt schon Motivation

Mit der so genannten emotionalen Resonanz können Menschen sich zu einem gewissen Grade auf die Stimmung eines anderen einschwingen oder auch andere mit der eigenen Stimmung anstecken. Dieses Phänomen lässt sich nicht durch Druck erzwingen. Ein weiterer, in hohem Maße beziehungsstiftender Aspekt ist es, etwas ganz konkret miteinander zu machen. Wenn die Führungskraft ausschließlich Termine mit Arbeitsinhalten füllt und nie Zeit für Vergnügen, Freude und Spaß mit ihren Mitarbeitern hat, kann das als Mangel an Beziehungsfähigkeit interpretiert werden und führt zu nachlassender Motivation. Motive, Absichten, Vorlieben oder Abneigungen richtig zu erkennen und auszusprechen ist entscheidende Voraussetzung dafür, bei anderen Potenziale zu entfalten. Dazu braucht es vor allem viele Gespräche, nicht nur intuitive Fähigkeiten, und eine gute Beobachtungsgabe.

Sich auf die Stimmung eines anderen einschwingen oder andere mit der eigenen Stimmung anstecken

Einspurige Beziehungen sind zum Scheitern verdammt

Eine der Hauptursachen für nicht gelingende Beziehungen sind Menschen, die nur einspurig fahren: „Dauerversteher" sind ganz mit der Gegenspur beschäftigt, auf die sie möglichst viel Rücksicht nehmen. Egozentriker und Narzisse sind dagegen unfähig, die Gegenspur zu sehen und andere zu verstehen. Einige sind blind für die Gegenspur, weil sie auf sich fixiert sind. Andere haben damit zu kämpfen, weil sie Angst vor Gefühlen haben und sich nicht leicht auf andere Menschen einlassen können oder wollen. Oder sie tendieren dazu, sich in verkopften Gesprächen zu verlieren, die nicht beziehungsförderlich sind. „Einspurige" Beziehungsarrangements – ob im

Fähigkeit, sich und andere gleichermaßen sensibel wahrzunehmen

Beruf oder im Privatleben – müssen auf lange Sicht scheitern. Ebenso sollte man selber dafür sorgen, dass man auf der eigenen Spur wahrgenommen wird. Man wünscht sich Interesse und Anteilnahme und möchte das Gefühl haben, dass andere sich auch Mühe geben, einen zu verstehen. Dazu muss man den Mut haben zu sagen, was man will und welche Vorstellungen und Absichten man hat.

Entwicklungsweg für Führungskräfte, soziale Kompetenz zu entwickeln und auszubauen

Soziale Kompetenz besteht aus einer Reihe von Eigenschaften, die wir untersuchen und unter der Berücksichtigung von Persönlichkeitseigenschaften genauer beschreiben möchten. Vor allem soll Führungskräften ein Entwicklungsweg aufgezeigt werden, soziale Kompetenz zu entwickeln und auszubauen.

Soziale Kompetenz heißt, über eine Vielfalt von Lösungsstrategien zu verfügen

Soziale Kompetenz entfaltet sich immer situativ

Soziale Kompetenz ist keine feste Eigenschaft, Begabung oder Fähigkeit, über die jemand verfügt. Sie lässt sich situativ in einzelnen ihrer vielen Aspekte beobachten. Für eine Führungskraft lässt sich soziale Kompetenz darüber definieren, dass sie bei auftauchenden Problemen in einer konkreten sozialen Situation über eine Vielfalt von Lösungsstrategien verfügt. Dazu gehören soziale Fertigkeiten, wie eine Art sozialer Diagnose und ein Repertoire an Handlungsmöglichkeiten, das nicht durch Ängste blockiert ist. Es geht auch darum, Erkenntnisse aus früheren Erfahrungen auf neue Situationen zu übertragen. Auch müssen Führungskräfte in der Lage sein, unzureichende Strategien zu erkennen und zu ändern. Die notwendige Anpassung erfolgt dabei nach außen unter Berücksichtigung der an der Situation beteiligten Menschen und ihrer Interessen und nach innen unter Berücksichtigung der eigenen Wünsche, Erwartungen und Werte.

Wie sich soziale Kompetenz definieren lässt

Im Kern beschreibt soziale Kompetenz ein angemessenes Verhältnis zwischen Selbstbehauptung und Erreichen eigener Ziele unter gleichzeitiger Beachtung der persönlichen Integrität, Erwartungen und Vorstellungen anderer an der Situation beteiligter Personen. Eine sozial kompetente Führungskraft verfügt über ein ganzes Bündel unterschiedlicher Verhaltensweisen, um darauf zu reagieren und jedem Beteiligten das Gefühl zu geben, an diesem Erfolg maßgeblich mitgewirkt zu haben.

32

1.5 Sieben Kriterien für soziale Kompetenz

Um den Anforderungen eines Ratgebers für Führungskräfte, die authentisch führen wollen, gerecht zu werden, konzentrieren wir uns auf sieben soziale Kompetenzen, die im Berufsalltag einer Führungskraft einen großen Raum einnehmen:

1. Einfühlungsvermögen (Empathie)
2. Die Fähigkeit und Bereitschaft zum Perspektivwechsel
3. Klares Rollenbewusstsein und die Fähigkeit zum Rollenwechsel
4. Lösungsorientierung und strategische Ausrichtung
5. Konfliktfähigkeit, Kritikfähigkeit, Krisenfestigkeit
6. Die Unterstützung nicht-konformer Mitglieder
7. Sich und das eigene Team taktisch klug im System zu positionieren

1.5.1 Einfühlungsvermögen (Empathie)

Empathie beschreibt die Fähigkeit und Bereitschaft, sich in die Lage anderer Menschen, mit denen man zusammenarbeitet oder kommuniziert, hineinzuversetzen. Bei Empathie geht es um die emotionale Komponente, nicht die kognitive Fähigkeit, fremde Standpunkte einzunehmen, sondern mögliche Gefühlssituationen anderer Menschen zu erkennen. Dies geschieht hauptsächlich durch das Erkennen nonverbaler Signale.

Fähigkeit und Bereitschaft, sich in die Lage anderer Menschen hineinzuversetzen

Es gibt viele Menschen, die gelernt haben zuzuhören, dies aber nur „äußerlich" tun. Sie hören nicht wirklich hin. Innerlich sind die „Antennen" nicht auf Empfang gestellt, sondern (obwohl wortlos) auf Sendung. In Gedanken werden Urteile und Einschätzungen über das gesendet, was der Gesprächspartner von sich gibt. Die Gedanken werden zwar nicht verbal geäußert, aber vom Gegenüber durchaus wahrgenommen. Die „Räder" im Kopf stehen nicht still. Seltener trifft man Menschen, die ihrem Gesprächspartner wirklich Raum geben, wenn sie zuhören. Wenn sie still sind, sind auch die Antennen vollständig auf Empfang gestellt, und das Gegenüber hat das Gefühl, wirklich verstanden worden zu sein. Dieses Verhalten entsteht aus der inneren Einstellung und dem Interesse am anderen Menschen. Es handelt sich nicht um eine erlernte Technik. Diese Art des Hinhörens ist sehr viel seltener. Meistens ist sie bei Menschen anzutreffen, die sich mit sich selber beschäftigt haben und über eine Menge Selbsterfahrung und

Hinhören ist mehr als Zuhören

Selbsterkenntnis verfügen. Hinhören ist äußerst angenehm und wird niemals als manipulativ empfunden. Im ersten Moment verlangt es etwas mehr Zeit. Auf lange Sicht erspart es aber viel Energie, viele Missverständnisse und anstrengende und zumeist fruchtlose Überzeugungsversuche. Die Führungskraft, die ihren Mitarbeitern in Beratungs-, Zielvereinbarungs- und auch Kritikgesprächen diesen Raum gewährt, kann sehr viel eher davon ausgehen, dass diese dann auch dem Kunden gegenüber so handeln.

DIE KUNST DES HINHÖRENS ENTWICKELN UND OFFENE FRAGEN STELLEN

Mitarbeiter, denen wirklich zugehört wird, entwickeln eigene Ideen und verändern ihre Einstellungen und Erwartungshaltungen

Wenn die Führungskraft den Gedanken, Gefühlen und Erfahrungen des Mitarbeiters Raum gibt, wirklich hinhört, führt dies oft dazu, dass dieser selbst überhaupt erst alle Implikationen dessen, was er sagt, richtig nachvollzieht. Auch die eigenen Widersprüche bemerkt er viel leichter und eher, wenn er in einen „offenen Raum" hineinredet. Vor dem Hintergrund, nicht gleich positiv oder negativ bewertet zu werden, entwickelt er selbst Ideen, wie er seine Situation verändern kann – nämlich dadurch, dass er seine Einstellungen und Erwartungshaltungen verändert. Arbeitet die Führungskraft mit offenen Fragen, fangen die Mitarbeiter recht bald an, konstruktive Dinge zu äußern und Lösungen für ihre Probleme zu formulieren. Sie entwirren das Knäuel von Gedanken und Gefühlen, das sich über einen längeren Zeitraum fast unbemerkt eingeschlichen hat. Die Fragen zielen darauf ab, den Mitarbeiter als Menschen besser kennen zu lernen und nicht einfach das „Füllhorn der unendlichen Führungsweisheiten" über ihm auszuschütten. Wenn es der Führungskraft nicht um die Beziehung geht, sondern sie lediglich eine erlernte Technik anwendet, fühlen sich die Mitarbeiter zu Recht manipuliert.

Wer nicht gut hinhört, fällt durch

In einer Radiosendung wurde kürzlich berichtet, dass es in der ägyptischen Hochkultur um Ramses II., der von 1279 bis 1213 v. Chr. regierte und einer der bedeutendsten Herrscher des alten Ägyptens war, einen Studiengang an der Universität gab, in dem die Studenten lernten, eine andere Person durch gute offene Fragen zu neuen Einsichten zu führen. Wenn sie im Examen schlechte Fragen gestellt und nicht gut hingehört haben, sind sie durchgefallen. Das ist heutzutage nicht unbedingt die Schlüsselqualifikation, die Führungskräfte in einer

Organisation in der Hierarchie nach oben bringt. In der Tat sind es die Antworten, die den Weg zur Beförderung weisen. Für fachliche Dinge mag das angemessen sein, für die effiziente Führung von Menschen in einer weit entwickelten Gesellschaft ist die Idee aus der altägyptischen Hochkultur zukunftsfähiger.

1.5.2 Die Fähigkeit und Bereitschaft zum Perspektivwechsel

Dieser Aspekt beschreibt die kognitive Fähigkeit, Dinge aus verschiedenen Perspektiven zu betrachten.

Ein Aspekt der Systemtheorie verdeutlicht das: Um bestimmte Leistungen zu erbringen, die eine Gesamtgesellschaft braucht, entwickeln sich moderne Gesellschaften, indem sie Subsysteme herausbilden. Solche Subsysteme sind Wirtschaft, Politik, Recht, Bildungswesen, Gesundheitswesen, Privatsphäre usw. Jedes Subsystem kommuniziert in einem eigenen Medium: In der Wirtschaft ist es das Geld, in der Politik die Macht, im Rechtssystem das Gesetz, im Bildungswesen die Qualifikation, im Gesundheitswesen die Gesundheit der Patienten und in der Privatsphäre die Liebe. Nun gibt es in jedem Subsystem eine als Leitdifferenz bezeichnete „ultimative Wahrheit", nach der die Personen in einem Subsystem entscheiden, ob sie etwas tun oder nicht. In der Wirtschaft ist das „bezahlt – nicht bezahlt", in der Politik „regieren – opponieren", im Rechtssystem „rechtmäßig – rechtswidrig", im Bildungswesen „gelernt – nicht gelernt", im Gesundheitswesen „medizinisch machbar – medizinisch nicht machbar", in der Privatsphäre „lieben – nicht lieben".

Gesellschaften haben unterschiedliche Subsysteme mit unterschiedlichen Perspektiven

PERSPEKTIVEN UNTERSCHIEDLICHER SUBSYSTEME EINER ORGANISATION VERSTEHEN

Das lässt sich direkt auf Organisationen mit ihren Abteilungen, Produktion, Forschung und Entwicklung, Vertrieb und Marketing, Rechnungswesen, Personal etc., übertragen. Zur Vereinfachung differenzieren wir hier drei Subsysteme, die in nahezu jeder Organisation anzutreffen sind.

Diese haben unterschiedliche Werte und damit Kulturen, stehen häufig im Widerspruch zueinander und müssen von der Führung auf den Organisationszweck ausgerichtet werden („*They need to be aligned*").

Drei Subsysteme, die in nahezu jeder Organisation anzutreffen sind

Mitarbeiter im Tagesgeschäft begreifen sich pragmatisch als diejenigen, die die Dinge zum Funktionieren bringen

- Die AUSFÜHRENDEN DES TAGESGESCHÄFTS („operator culture") haben eine Subkultur entwickelt, die mit den täglichen Überraschungen fertig wird. Egal wie gut die Prozesse auch definiert sein mögen, in der Praxis gibt es immer etwas, das von den Planern nicht berücksichtigt wurde. Also werden sich diese Mitarbeiter nicht immer an die definierten Prozesse halten, letztendlich sogar manchmal die Regeln brechen, nicht aus einer Haltung von Rebellion, sondern um das Tagesgeschäft zu verbessern. Sie begreifen sich als diejenigen, die die Dinge zum Funktionieren bringen. Sie erwarten von der Führung, dass sie in ihren Belangen durch Training, bestmögliche materielle Ausstattung und die dafür notwendigen finanziellen Ressourcen unterstützt werden. Sie sind sich am meisten darüber bewusst, dass es die Menschen sind, die eine Organisation ausmachen.

Mitarbeiter in der Entwicklung glauben an die Wirksamkeit von definierten Prozessen und Strukturen

- Die so genannten PLANER UND ENTWICKLER („engineering culture") haben die Aufgabe, die Struktur und Prozesse der Organisation zu definieren. Dazu kann auch die Entwicklung von innovativen Produkten und Prozessen zählen. Sie sind fest davon überzeugt, dass die meisten Probleme durch Menschen verursacht werden, die sich nicht an die festgelegten Prozesse halten. Wenn jeder Mitarbeiter in der Organisation die Struktur verstehen würde und die Prozesse genauestens befolgt würden, dann wäre alles perfekt. Sie gehen davon aus, dass eine perfekte Ablauforganisation möglich ist, wenn denn genügend finanzielle Mittel von der Führung dafür zur Verfügung gestellt würden.

Für die Führung dreht sich alles um Geld, finanzielle Stabilität und Wachstum

- Die OBERSTE FÜHRUNG selbst („executive or CEO culture") entwickelt eine Subkultur, bei der sich alles um Geld, finanzielle Stabilität und Wachstum dreht. Das mag nicht unbedingt auf dem jeweiligen persönlichen Interesse beruhen, sondern resultiert aus der (Rollen-) Verantwortung gegenüber Aufsichtsgremien und Aktionären sowie den häufigen Kontakten mit Finanzinstitutionen und Geldgebern. Sie ist sich klar darüber, dass sowohl die Ausführenden des Tagesgeschäfts als auch die Entwickler kein wirtschaftliches Empfinden haben und deshalb sehr genau überwacht und kontrolliert werden müssen. Für sie zählen die Menschen zu den (humanen) Ressourcen, nicht unbedingt zum Kern und Wesen einer Organisation.

Mangelnde Fähigkeit zum Perspektivwechsel
kann teuer werden

Schwierig wird es immer dann, wenn eine Führungskraft die Kultur und Funktionslogik des Subsystems, aus dem sie selber stammt, auf das Gesamtsystem überträgt. Es gibt viele Beispiele dafür, wie sich (speziell deutsche) Unternehmen durch die Fokussierung auf technische Machbarkeit, initiiert durch Ingenieure in Top-Führungsfunktionen, aus dem Markt verabschiedet haben, weil kein Kunde mehr bereit war, die Auswüchse dieses als „Overengineering" bekannten Phänomens zu bezahlen. Andererseits haben Top-Führungskräfte, die aus dem Vertrieb kommen, häufig damit zu kämpfen, dass zwar die Auftragsbücher voll sind, dass der Weg in die Insolvenz aber häufig mit zu wenig Cashflow beginnt. Und letztendlich ist eine ausschließliche Fokussierung auf den operativen Ertrag (EBIT), häufig ausgelöst durch Top-Führungskräfte mit betriebswirtschaftlichem Hintergrund, nicht dazu angetan, eine Kultur von Menschlichkeit und Teamgeist als Basis für Innovationen zu entwickeln.

Probleme entstehen, wenn die Kultur des eigenen Subsystems auf andere Systeme übertragen wird

Eine gute Führungskraft auf oberster Ebene ist sich dieser unterschiedlichen Werte und Kulturen bewusst, kann die einzelnen Perspektiven einnehmen und die bestmöglichen Entscheidungen für das Gesamtwohl der Organisation treffen, wenn sich die Subsysteme aufgrund ihrer unterschiedlichen Ziele und Grundannahmen uneins sind. Und Führungskräfte im mittleren Management sind offen für die Entscheidungen der obersten Führung und bemühen sich ebenfalls, das Gesamtwohl der Organisation im Auge zu behalten, selbst wenn ihr Verantwortungsbereich vermeintliche Nachteile zu verkraften hat.

1.5.3 Klares Rollenbewusstsein und die Fähigkeit zum Rollenwechsel

Die Fähigkeit zum Rollenwechsel basiert auf einem Verständnis der Ziele und Prozesse in einer Organisation und dem Erfassen der daraus erwachsenden Handlungsnotwendigkeiten. Führungskräfte müssen dabei täglich eine Vielzahl von Rollen ausfüllen und unter einen Hut bringen. Ihre Rolle gegenüber der Unternehmensleitung ist eine andere als gegenüber ihren Mitarbeitern oder gegenüber den Kunden. Und auch gegenüber ihren Mitarbeitern wechselt die Rolle bzw. die Rollener-

Führungskräfte müssen eine Vielzahl von Rollen integrieren

wartung. So wird sich eine Führungskraft einen Tag schützend vor einen Mitarbeiter stellen und ihrer Fürsorgepflicht nachkommen, einen anderen Tag genau das Gegenteil tun, nämlich Fehlverhalten eines Mitarbeiters deutlich ansprechen und Konsequenzen aufzeigen, die durchaus schmerzhaft sein können.

Es ist erforderlich, Rollenerwartungen zu klären und Rollenwechsel klar zu deklarieren

Wie wichtig es sein kann, Rollenerwartungen zu klären und vor allem Rollenwechsel klar zu deklarieren, lässt sich am gegenwärtigen Trend hin zum „Chef als Coach" verdeutlichen. Ein Chef ist gegenüber den Mitarbeitern weisungsbefugt und somit nicht neutral. Die Rollenerwartung an einen Coach hingegen ist, dass er dem Klienten (hier dem Mitarbeiter) gegenüber unvoreingenommen und neutral ist. Mitarbeiter können der Führungskraft in der Rolle des Coaches nur Vertrauen entgegenbringen, wenn sie sicher sein können, dass diese das in dieser Rolle über den Mitarbeiter gewonnene Wissen vertraulich behandelt. Und dies kann die Führungskraft wiederum in schwierige Situationen (z.B. Loyalitätskonflikte) bringen. Zusammenfassend lässt sich sagen, dass es für den Führungsalltag sehr wichtig ist, sich immer bewusst zu sein, aus welcher Rolle heraus man argumentiert, um Missverständnisse zu vermeiden.

DIE FÜHRUNGSKRAFT MUSS WIDERSPRÜCHE AUSHALTEN KÖNNEN

Das Ausfüllen verschiedener Rollen führt unweigerlich zu Widersprüchen

Als Führungskraft gilt es zunehmend Rollen einzunehmen, deren Ausübung zu Widersprüchen führen kann. Es gehört zur Rolle bzw. zur Verantwortung einer Führungskraft, kurzfristige Ziele zu erreichen und gleichzeitig die Organisation in eine gute Zukunft zu führen. Häufig geht das Erreichen der kurzfristigen Ziele zulasten der Zukunft.

Die amerikanische Automobilindustrie ist ein Beispiel dafür. Bei General Motors und Chrysler ist es kein Geheimnis, dass die Fokussierung auf die Quartalsergebnisse zwar kurzfristig zum Erreichen der Ziele geführt hat, langfristig aber durch den Mangel an Investitionen in Zukunftstechnologien ein Abstand zu japanischen und europäischen Automobilherstellern entstanden ist, der kaum noch einzuholen ist.

Vor diesem Dilemma stehen Führungskräfte immer wieder, auch in kleineren und in Nonprofitorganisationen. Zwei durchaus wichtige und richtige Ziele ziehen die Führungskraft in entgegengesetzte Richtungen. Jedes Ziel für sich alleine betrachtet ist sinnvoll, gleichzeitig sind sie aber nicht zu verfolgen oder zu erreichen. Das Aushalten von Paradoxien, ohne sich für die eine oder die andere Richtung zu entscheiden, sondern beide Richtungen zu integrieren, ist heutzutage eine Führungsqualität geworden, die sich in dieser Ausprägung in den letzten 20 Jahren entwickelt hat.

Die Führungskraft muss einander widersprechende Ziele aushalten und integrieren können

Auf den ersten Blick erscheint es widersprüchlich, die Qualität zu verbessern und gleichzeitig die Kosten zu senken. Heute finden beide Entwicklungen gleichzeitig statt, was enorme Anforderungen an die Fähigkeit der Führungskraft stellt, unterschiedliche Rollen einzunehmen.

DIE FÜHRUNGSKRAFT MUSS DAS GANZE SYSTEM IM AUGE BEHALTEN

Das Wertesystem einer Führungskraft wird entscheidend durch die eigene Berufsausbildung und -erfahrung geprägt. Eine technisch ausgebildete Führungskraft, die bei anstehenden Entscheidungen die Logik des Subsystems der „Planer und Entwickler" auf das Gesamtsystem überträgt, wird ihrer Verantwortung nicht gerecht. Gleiches gilt für die vertriebsorientierte Führungskraft, die ihre tendenziell an der „Operator"-Logik ausgerichtete Denkweise auf das Gesamtsystem überträgt, bzw. die an Finanzzahlen orientierte Führungskraft, die das Gesamtsystem aus dieser Perspektive betrachtet.

Es kommt darauf an, die unterschiedlichen Perspektiven der Subsysteme einzunehmen und dann für das Gesamtsystem eine auf klaren Werten basierende Entscheidung zu treffen, die die Interessen aller Subsysteme zusammenfügt. Diese Werte können Qualitätsentwicklung der Produkte oder Dienstleistungen, Zukunftsfähigkeit der Organisation, Markt-, Qualitäts- oder Innovationsführerschaft sein. Selbst, wenn dann unter Umständen kurzfristige Finanzzahlen bei den Quartalsergebnissen nicht erreicht werden, kann die Führungskraft sehr verantwortlich handeln, weil sie die Zukunft der Organisation durch innovative Produkte sichert.

Diese Führungsqualität, nämlich im „Auge des Taifuns" zu stehen, wo die Winde in verschiedene, häufig entgegengesetzte Richtungen zerren, und dabei die Ruhe zu bewahren und nicht in operative Hektik zu verfallen, ist für zukunftsfähige Führungskräfte eminent wichtig – nicht irgendwelche

Im Auge des Taifuns beweist sich zukunftsfähige Führung

kurzfristigen Effekte erreichen zu wollen, sondern eine Entscheidung auf der Basis einer ausgewogenen Wertung aller relevanten Faktoren und beteiligten Akteure zu treffen.

1.5.4 Lösungsorientierung und strategische Ausrichtung

Ein klares und positives Bild der Zukunft vermittelt den Mitarbeitern Sicherheit

Zukunftsorientierte Führungskräfte haben ein klares Bild vom guten Ausgang, wenn sie Zukunft thematisieren. Das gibt den Mitarbeitern Sicherheit. Sie denken lösungs- und nicht problemorientiert. *„Man ist entweder Teil der Lösung oder Teil des Problems. Ich habe mich für die Lösung entschieden!"* Mit dieser Aussage brachte Michail Gorbatschow, er war damals Generalsekretär des Zentralkomitees der KPdSU, einen Aspekt in die Diskussion, der sehr einfach, aber wirkungsvoll ist.

Die Frage nach dem *„Warum ist etwas geschehen?"* lenkt den Blick in die Vergangenheit und ist wichtig für das Lernen. Leider wird in vielen Unternehmen diese Blickrichtung nicht eingenommen, um zu lernen, sondern um einen Sündenbock zu finden. Die Frage nach dem *„Wie wollen wir damit umgehen?"* lenkt den Blick in die Zukunft und sucht nach einer Lösung. Diesen Mechanismus müssen Führungskräfte verstehen und in ihr Verhalten integrieren, denn der Grund für jede Veränderung menschlichen Verhaltens liegt in einer wünschenswerten Zukunft, nicht in der Vergangenheit.

WAS WIR VOM ZAUBERER MERLIN ÜBER ZUKUNFTSGESTALTUNG LERNEN KÖNNEN

Die Harvard Business Review thematisierte Ende der Achtzigerjahre erstmals den so genannten „Merlin-Faktor" im Zusammenhang mit strategischer Planung. Der Magier Merlin war Lehrer und Berater König Arthurs. Nach der Legende wurde er in der Zukunft geboren und lebte rückwärts in der Zeit. Er konnte Arthur so immer wieder wichtige Hinweise geben, welche möglichen Folgen Entscheidungen und Handlungsoptionen haben könnten.

Die Gegenwart vom Standpunkt der Zukunft aus sehen

Der „Merlin-Faktor" bezeichnet daher die Fähigkeit, die Gegenwart vom Standpunkt der Zukunft aus zu sehen und daraus ungeahnte Möglichkeiten und Potenziale abzuleiten. Natürlich kann man die Vergangenheit dabei nicht komplett ausblenden. Es ist wichtig, eine klare Linie zu ziehen zwischen dem, was war, und dem, was sein wird. Man kann aus der Vergangenheit lernen. Man kann Rückschlüsse daraus ziehen –

aber die Vergangenheit sollte nicht alleinige Leitlinie für die Gestaltung der Zukunft sein. Die Gestaltung der Zukunft folgt anderen Regeln und Grundlagen.

VERHALTENSÄNDERUNG WIRD DURCH DIE VORSTELLUNG EINER POSITIVEN ZUKUNFT AUSGELÖST

Menschen ändern sich nicht, weil sie die Vergangenheit verstehen. Veränderung wird vielmehr durch die Vorstellung einer ganz bestimmten Zukunft ausgelöst. Die Art, wie man sich sein Leben einrichtet, der eigene Lebensstil ist weit mehr durch die Zukunft bestimmt, als allgemein angenommen wird. Die Zukunft gibt dem Leben einen Sinn. Unsere Existenz basiert primär auf der Zukunft und dem, was sein könnte und sein wird – nicht so sehr auf dem, was war.

Verhalten wird durch die Vorstellung einer bestimmten Zukunft motiviert und verändert

Was immer die hauptverantwortliche Führungskraft und ihr Topmanagement für möglich halten, wird zu einer Chance für die Organisation. Vorschläge für die Zukunft, denen keine angemessene Beachtung geschenkt wird, können sich als verpasste Chancen entpuppen und die Marktstellung gefährden.

So entging Nixdorf eine mögliche positive Zukunft, weil man dem PC keine Zukunftschancen gab und sich auf Großrechner beschränkte. Umgekehrt erklärt der Gründer von Air Berlin, Joachim Hunold, den Erfolg seiner Fluggesellschaft damit, dass er sich bietende Chancen, so, wie sie sich ergaben, immer ergriffen hat. Hunold war keiner klar definierten Strategie gefolgt, sondern der Vision, nach der Lufthansa die zweitgrößte Fluggesellschaft in Deutschland zu werden.

Um die Möglichkeiten und Chancen der Zukunft mit frischen Augen sehen zu können, ist es wichtig, sich vom Zugriff der Vergangenheit zu lösen. Damit sind die eigenen „Wahrheiten" gemeint, die in der Vergangenheit durchaus zutreffend waren, für die Zukunftsvision jedoch unter Umständen hinterfragt und geändert werden müssen.

FÜHRUNGSKRÄFTE ALS BOTSCHAFTER DER ZUKUNFT AN DIE BESTEHENDE UNTERNEHMENSKULTUR

Eine Führungskraft, die eine innere Selbstverpflichtung eingegangen ist, eine „unmögliche" Zukunft zu realisieren, wird zum „Botschafter" dieser Zukunft an die existierende Unternehmenskultur. Führungskräfte, die sich den Merlin-Faktor zu Nutze machen, handeln auf der Basis der Zukunft in den Um-

Die Vision einer Zukunft gestaltet die Gegenwart

ständen der Gegenwart. Das Vertrauen in die eigene Vision muss gepaart sein mit einer Offenheit gegenüber den einzusetzenden Mitteln und zu beschreitenden Wegen. Die „Merlin-Führungskraft" ist Meister des Veränderungsmanagements (Change Management).

Ihren Mitarbeitern gibt sie Gelegenheit, die Auswirkungen dieser Zukunft, zumindest was ihren Arbeitsplatz anbelangt, „mit zu erfinden". In diesem Prozess des Erforschens und Entdeckens kann es durchaus weitere Veränderungen geben. Die wünschenswerte Zukunft muss überall in der Organisation Fuß fassen, nicht nur in der Führungsebene. Das geht nur, wenn die Mitarbeiter die Wahl haben, die Zukunft mitzugestalten. Wenn ihnen die Zukunft einseitig von oben „aufgedrückt" wird, empfinden sie das eher als Verlust der Kontrolle über ihr eigenes Leben und reagieren mit Verweigerung oder gar Sabotage. Hier wird eine besondere Form des Dialogs von den Führungskräften verlangt.

Die wünschenswerte Zukunft muss überall in der Organisation Fuß fassen

1.5.5 Kritikfähigkeit, Konfliktfähigkeit, Krisenfestigkeit

Nicht nur das Aushalten von Widersprüchen, sondern auch das Aushalten von Widerständen ist eine wichtige Führungsqualität. Jede Führungskraft, die sich nicht auch ein bisschen einsam fühlt, lässt Potenziale ungenutzt. Es gehört zur Rolle einer Führungskraft, die die eigene Organisation in eine veränderte Zukunft führen will, nicht immer uneingeschränkte Zustimmung zu genießen. Kritikfähigkeit, Konfliktfähigkeit und Krisenfestigkeit sind wichtige Eigenschaften, um in dieser Situation Führungsstärke zu beweisen. Von der Führungskraft wird erwartet, dass sie auf der einen Seite angemessen, konstruktiv und fair Kritik üben kann, dass sie auf der anderen Seite aber auch offen und souverän damit umgeht, wenn sie selbst zur Zielscheibe von Kritik wird. Besonders vertrauensfördernd ist es, wenn Führungskräfte aktiv und systematisch auch kritisches Feed-back von ihren Mitarbeitern über ihr Führungsverhalten einholen.

Wer Visionen umsetzen will, muss auch Kritik aushalten können

DIREKTE KOMMUNIKATION IST IM UMGANG MIT KRITIK, IN KRISEN UND KONFLIKTEN ANGEMESSEN

Gute Führung kann nicht bedeuten, sich gegenseitig mit Samthandschuhen anzufassen. Im Gegenteil ist direkte Kommunikation ein Postulat für Authentizität. Die vielleicht wichtigste

Direkte Kommunikation ist ein Postulat für Authentizität

Grundregel beim Umgang mit Kritik lautet: *„Wenn du etwas an jemandem zu beanstanden hast, hat dieser das Recht, es als Erster zu erfahren."* Leider wird dieser Grundsatz in vielen Organisationen nicht berücksichtigt. Wenn ein Mitarbeiter sich bei der Führungskraft über einen anderen Mitarbeiter beschwert, sollte die Führungskraft dies sofort unterbinden und fragen: *„Hast du X dies bereits mitgeteilt?"* Wenn nicht, sollte dies unverzüglich nachgeholt werden.

Verheerende Auswirkungen kann es haben, wenn sich die Führungskraft selbst bei einem Mitarbeiter über einen anderen Mitarbeiter, eine andere Führungskraft oder die Leitung beschwert und es unterlassen hat, diese zuerst zu informieren. Hier ist die Führungskraft gefordert, mit gutem Beispiel voranzugehen. Die Einhaltung dieses Grundsatzes trägt zu einem offenen und vertrauensvollen Klima der Kommunikation und Zusammenarbeit bei und ist das vielleicht wirkungsvollste Präventionsmittel gegen Mobbing.

KONFLIKTFÄLLE SIND NAGELPROBEN FÜR DIE SOZIALE KOMPETENZ

Konfliktfähigkeit ist eine weitere wichtige Anforderung an authentische Führungskräfte. Sie dürfen vor Konflikten weder ausweichen noch sie mutwillig vom Zaun brechen. Beides wird von den Mitarbeitern als nicht authentisch empfunden und schafft Verunsicherung. Im Konfliktfall erfolgt die Nagelprobe, ob die Führungskraft über die Fähigkeiten zur Empathie, zum Perspektiv- und Rollenwechsel in hinreichendem Maß verfügt. Ein Blick in die Praxis zeigt, dass viele Führungskräfte, wenn sie wütend sind, aus Selbstschutzgründen die Antennen für den anderen einfahren. Weitere wichtige Eigenschaften, um mit Konflikten konstruktiv umgehen zu können, sind Selbstkontrolle, Ehrlichkeit und Offenheit.

Im Konfliktfall gefragt: Selbstkontrolle, Ehrlichkeit und Offenheit

Häufig geraten Führungskräfte in eine Zwickmühle: Sie müssen gegenüber den Mitarbeitern eine Entscheidung der Leitung vertreten, hinter der sie nicht oder nur eingeschränkt stehen. Was soll man in so einem Fall tun?

Wilhelm und Erdmüller bringen es auf den Punkt: Begeisterung vorspielen? Klarmachen, dass man die Sache ebenfalls für Unsinn hält? Ein Pokerface aufsetzen? Nein. Hier hilft nur Ehrlichkeit. Machen Sie klar, was an der Vorgabe für Sie und Ihre Mitarbeiter nicht mehr veränderbar ist. Fragen Sie, ob die

Vorgabe nicht auch Vorteile bringen könnte, und loten Sie insbesondere aus, welche Gestaltungsspielräume Sie bei der Umsetzung haben. Sie können und sollten zum Ausdruck bringen, dass Sie mit der Vorgabe nicht besonders glücklich sind – das spüren die Mitarbeiter sowieso –, machen Sie aber sofort klar, dass es nun darum geht, mit dem Unabänderlichen professionell umzugehen und alle Gestaltungschancen wahrzunehmen. So können Sie authentisch bleiben und konstruktiv weiterarbeiten.

STANDFESTIGKEIT UND ANTIZIPATIONSVERMÖGEN IM UMGANG MIT KRISEN

Wenn Menschen aufgefordert werden, an einer gemeinsamen Zukunft zu arbeiten, die sie selber nicht für realistisch halten, produziert das häufig Krisen. Eine Krise liegt vor, wenn die Verarbeitungsmechanismen nicht mehr ausreichen, den täglichen Anforderungen zu genügen. Die Anforderungen aus der Umwelt kommen schneller, als sie verarbeitet werden können. Das ist das Wesen einer Krise. Die Lösung besteht dann darin, die Verarbeitungsmechanismen anzupassen, nicht den Rückwärtsgang einzulegen oder den Kopf in den Sand zu stecken.

Teilen die Mitarbeiter die Vision (noch) nicht, gilt es, entstehenden Krisen standzuhalten

Den Druck weiter zu erhöhen, also die durch die Krise notwendig gewordenen Veränderungen bewusst voranzutreiben, bringt den Durchbruch. Diesem Druck standhalten zu können, wenn die Führungskraft keine Zustimmung aus den eigenen Reihen bekommt, ist sehr schwierig.

Merlin-Führungskräfte, die ständig an einer Zukunft arbeiten, haben den Vorteil, dass sie nicht reaktiv mit einer von außen an die Organisation herangetragenen Veränderung umgehen müssen, die eine Krise hervorruft. Sie antizipieren diese Veränderungen in der Umwelt, seien sie politischer, ökologischer oder wirtschaftlicher Natur oder einfach nur ein vorübergehendes Phänomen des sich ständig wandelnden Zeitgeists, und sorgen vor.

1.5.6 Unterstützung nicht-konformer Mitglieder

Die Unterstützung nicht-konformer Mitglieder in einem Team, einer Arbeitsgruppe, einer Abteilung oder Organisation gehört zu den bedeutsamen Merkmalen sozialer Kompetenz. Es geht um die Mitarbeiter, die sich, nach den geltenden Werten und Normen, „unvorteilhaft" von der Gruppe unterscheiden, z.B.

indem sie als Querdenker auffallen oder vom Team zum Sündenbock gestempelt werden. Diese Menschen zu unterstützen kann einer negativen Gruppendynamik vorbeugen. Nichtkonforme Mitarbeiter, vor allem neue Mitarbeiter, die sich noch nicht vollständig an die bestehende Unternehmenskultur angepasst haben, geben der Führungskraft wertvolle Hinweise, was im Team oder im Zusammenspiel zwischen Funktionseinheiten in der Organisation nicht gut läuft. Sie haben in der Regel noch einen guten Sensor für systemische Fehler und Lücken.

Insbesondere weisen sie auf Führungsversäumnisse hin, auch aus der Vergangenheit. Die authentische Führungskraft nimmt nicht-konforme Mitarbeiter zum Anlass, eine selbstkritische Analyse des eigenen Wirkens (und dem der Vorgänger) vorzunehmen. Führungskräfte, die selbst bereits Teil der Unternehmenskultur geworden sind, brauchen bei diesem Prozess oft Unterstützung von außen, z.B. durch einen professionellen Coach.

Nicht angepasste Mitarbeiter geben Anlass zur Reflexion des Führungsverhaltens oder organisatorischer Abläufe

Nicht-konformes Verhalten hat Sensor- und Indikatorfunktion

Nicht-konformes Verhalten weist oft auch auf die ungeschriebenen, geheimen Regeln in einer Organisation hin. Alle Systemmitglieder sind für diese geheimen Regeln blind. Neu hinzustoßende Mitglieder haben jedoch oft Sensoren dafür und diese Möglichkeit sollten verantwortungsvolle Führungskräfte nutzen. Geheime Regeln spielen oft eine Rolle, wenn Reformprojekte immer wieder mit Elan begonnen werden und dann im Sand verlaufen.

Indikatoren für die geheimen Regeln und Systemfehler

Sich nicht-konform verhaltende Mitglieder können für die Führungskraft quasi die Funktion eines externen Coaches erfüllen. Grundsätzlich gilt es bei nicht-konformem Verhalten zu prüfen: Gibt es eine (verdeckte) positive Absicht hinter einem störenden, nicht-konformen Verhalten? Aus welchem Blickwinkel heraus macht es Sinn? Auf welchen Systemfehler weist es hin? Wird die Quelle für das Verhalten erkannt und ausgeschaltet, verschwindet das Verhalten meist sehr schnell. Sind jedoch fehlende Fähigkeiten, Fertigkeiten oder gar mangelnde soziale Kompetenz bei dem betreffenden Mitarbeiter der Grund für das Verhalten, hat man nur die Wahl, gezielte Hilfe anzubieten oder sich von diesem Mitarbeiter zu trennen.

Sich nicht-konform verhaltende Mitglieder können für die Führungskraft die Funktion eines externen Coaches erfüllen

1.5.7 Sich und das eigene Team taktisch klug im System positionieren

Die Existenzberechtigung des eigenen Teams in der Organisation sichern

Als siebtes wichtiges Kriterium für soziale Kompetenz wird von Führungskräften gefordert, dass sie die Bereitschaft und die Fähigkeit entwickeln, sich und ihr Team taktisch klug im System zu positionieren oder, anders gesagt, dafür Sorge zu tragen, dass die Existenzberechtigung des Teams in der Organisation gesichert wird. Dazu braucht es wiederum verschiedene Fähigkeiten: formellen und informellen Zugang zu relevanten Informationen, Entwicklungen zu antizipieren, verbale und nonverbale Signale lesen und „politisch taktieren" zu können sowie die langfristigen Strategien immer wieder auf ihre Gegenwartstauglichkeit zu überprüfen.

Bei der Positionierung der eigenen Person oder des eigenen Teams kommt es unter diesem Gesichtspunkt sozialer Kompetenz darauf an, wie Handlungsspielräume von der Führungskraft erkannt und genutzt werden. Umgekehrt gilt auch, dass eine Organisation, welche an der (sozialen) Kompetenzentwicklung ihrer Mitglieder interessiert ist, die Struktur so organisiert, dass Handlungsspielräume vorhanden sind. Es kann nicht alles im Vorfeld von den aus dem Subsystem der „Planer und Entwickler" kommenden Konzepten beschrieben werden. Im Gegenteil sind Lücken in gewissem Grad erwünscht, damit sozial kompetente Mitarbeiter (und Führungskräfte) diese nutzen.

DIE INFORMELLEN STRUKTUREN ERKENNEN

Informelle Strukturen können großen Einfluss ausüben

Für eine sozial kompetente Führungskraft gilt es, kontinuierlich die Wahrnehmung für das informelle Geflecht von Macht und Einfluss in der Organisation zu schärfen. Dieses kann durchaus vom Organigramm oder von publizierten Beschreibungen über Zuständigkeiten und Verantwortlichkeiten in der Organisation abweichen. Die Beantwortung folgender Fragen kann helfen, dieses Gewirr zu entflechten. Welche Koalitionen und Rivalitäten gibt es unter Mitarbeitern? Welche Koalitionen und Rivalitäten gibt es unter Führungskräften? Wie sind die informellen Einfluss- und Informationskanäle zwischen Bereichen und Personen? Wer sind die Schlüsselpersonen unter Ihren Kollegen oder innerhalb Ihres Teams?

Der Volksmund findet da deutlichere Sprachbilder: Wer steckt mit wem unter einer Decke? Wer hält wem die Stange?

Wer hält über wen seine schützende Hand? Wer fällt wem in den Rücken? Wer hält wem den Rücken frei? Wer kriecht wem in den ...? Was trommelt der Buschfunk? Wer hintergeht wen? Wer verdrückt sich mal wieder? Wer zeigt wem die kalte Schulter? Wer steht im Schatten von wem? Wer steht immer im Rampenlicht? Wer wird an den Pranger gestellt? Wer rückt wem auf den Pelz? Wer sitzt am Drücker? Wer bekommt den größten Brocken, wenn es etwas zu verteilen gibt?

1.6 Authentizität erfordert Charakter

Authentizität und authentische Wirkung sind nicht Ergebnis einer erlernbaren Technik, sondern resultieren aus Charakterstärke und langjähriger Persönlichkeitsentwicklung. Persönlichkeitsentwicklung ist ein lebenslanger Prozess, der nie als abgeschlossen angesehen werden kann. Charakterstärke und die Fähigkeit zur Reflexion der eigenen Persönlichkeit sind die vielleicht wichtigsten Qualitäten, über die langfristig erfolgreiche Führungskräfte verfügen sollten, wichtiger als Fachkenntnisse und Branchen-Knowhow, wie uns viele Teilnehmende unserer Führungstrainings immer wieder bestätigen.

Charakterstärke und die Fähigkeit zur Reflexion der eigenen Persönlichkeit sind Schlüsselfähigkeiten

Die wissenschaftliche Psychologie hat den Charakterbegriff aus ihrem Wortschatz gestrichen und dafür sicher gute Gründe. Um den Alltag der Führungskraft zu beschreiben, halten die Autoren den Charakterbegriff jedoch weiterhin für tauglich.

Von Stärken, Nicht-Stärken und Schwächen

Schon seit der Antike versuchen Persönlichkeitsforscher Menschen zu „typologisieren". Diese Typologisierungen wurden im Laufe der menschlichen Entwicklung immer mehr verfeinert. Der Wert dieser Instrumente ist unschätzbar. Sie sind Schlüssel zum Aufbau persönlicher Kompetenzen, helfen uns, unsere Präferenzen besser zu erkennen und uns selbst und andere besser zu verstehen. Sie zeigen aber auch auf, welche Bereiche bei uns unterentwickelt oder wo wir „blind" sind.

Seriösen Persönlichkeitsmodellen ist gemeinsam, dass sie keine Idealtypen stilisieren. Seriöse Modelle haben Folgendes gemeinsam:

Seriöse Persönlichkeitsmodelle stilisieren keine Idealtypen

- Jeder Persönlichkeitstyp verfügt über SPEZIFISCHE STÄRKEN für Exzellenz und Meisterschaft.

- NICHT-STÄRKEN umfassen jene Bereiche, die bei dem jeweiligen Persönlichkeitstyp nur schwach entwickelt sind.
- Werden Stärken übertrieben, kippen sie in ihr Gegenteil und werden zu UNARTEN BZW. SCHWÄCHEN; Z.B. wenn aus hohem Durchsetzungsvermögen ein blindes „mit dem Kopf durch die Wand" wird.

Diesen letzten Zusammenhang verdeutlicht auch eine Analogie des großen Arztes des Mittelalters, Paracelsus: *„Es gibt nicht Heilmittel und Gifte; es gibt nur Substanzen. Es ist lediglich eine Frage der Dosis, ob die gleiche Substanz tödlich wirkt oder heilt."*

Stärken und Nicht-Stärken sind in der Persönlichkeit bereits angelegt

Stärken und Nicht-Stärken sind in der Persönlichkeit bereits angelegt. Sie sind grundsätzlich nicht zu verhindern, können aber im Laufe der Persönlichkeitsentwicklung weiterentwickelt werden. Aus Nicht-Stärken lassen sich jedoch keine Stärken machen. Hier bringen wir es bei aller Anstrengung im besten Fall zu Mittelmaß. Diese Grenze zu akzeptieren, ist unter dem Aspekt der Authentizität enorm wichtig. Dass unsere Stärken durch (bewusste oder unbewusste) Übertreibung zu Schwächen werden, können wir jedoch verhindern oder, im Fall des Falles, sie wieder abbauen. Hier lässt sich für Führungskräfte viel gewinnen, denn Führungskräfte, die diesen Punkt nicht im Griff haben oder dazu nicht bereit sind, stellen für das Unternehmen und ihre Mitarbeiter ein Sicherheitsrisiko dar.

Das Für und Wider von Persönlichkeitstypologien

Auch wenn Menschen nicht wie Maschinen funktionieren, suchen Führungskräfte und Personalentwickler doch nach einer „Bedienungsanleitung" für Menschen. Erdacht wurden Typologien von Menschen, die sich selbst sehr genau beobachtet haben und zu der Einsicht gelangt sind, dass der entscheidende Grund für Sympathie und Antipathie vor allem in ihnen selbst liegt, nicht bei den anderen. Fortgeschrittene Typologien beschreiben nicht nur beobachtbares Verhalten (so wie eine Videokamera es aufzeichnen würde), sondern stellen die elementare Grundfrage des Lebens: *„Warum tue ich etwas?"* Eine Typologie untersucht, wie verschieden Menschen auf äußere und innere Stimulationen reagieren.

Fortgeschrittene Typologien stellen die elementare Grundfrage des Lebens: „Warum tue ich etwas?"

Menschen scheinen dazu zu tendieren, andere Menschen in Schubladen zu legen, wenn sie zum ersten Mal in ihrem Leben mit einer Persönlichkeitstypologie in Kontakt kommen. Typologien sind jedoch im Gegenteil ursprünglich dazu entwickelt worden, dass Menschen aus den Schubladen herauskommen, in die sie sich selbst gesetzt haben. Wesentlicher ist der Hintergrund, dass unser Denken auf Einteilungen angewiesen ist, um Unbekanntes mit Bekanntem vergleichen zu können. Sonst würden wir von unvorhergesehenen Ereignissen derart überwältigt, dass wir handlungsunfähig würden. Typologien bieten hier entsprechende Orientierung.

Die meisten aktuellen Persönlichkeitstypologien, die im beruflichen Kontext genutzt werden, sind funktional ausgerichtet. Sie wollen den einzelnen Menschen nicht ändern, sondern die Zusammenarbeit von Menschen in einer bestimmten Situation optimieren.

1.7 Das Enneagramm als Reflexionshilfe im Führungsalltag

Der Markt an Persönlichkeitsmodellen ist groß: Alpha Plus Profile, Biostruktur-Analyse mit Struktogramm, DISG-Persönlichkeitsprofil, Hermann-Dominanz-Instrument (HDI), Insights-Potenzialanalyse, Interplace, LIFO, Myers-Briggs-Typenindikator (MBTI), Team-Management-System (TMS) oder das Enneagramm.

Die Autoren haben mit vielen dieser Typologien bereits gearbeitet und besitzen für mehrere die Lehr-Akkreditierung. Alle Typologien haben ihre Berechtigung und weisen spezifische Stärken und Schwächen auf.

Aufgrund langjähriger Erfahrung haben die Autoren sich jedoch schwerpunktmäßig für den Einsatz des Enneagramms in ihren Führungstrainings entschieden, weil es folgende drei Leistungen miteinander kombiniert:

1. Es erfasst auf eindrückliche Art neben Verhaltensphänomenen auch die tiefer liegenden Grundmotivationen, die Verhalten steuern; es erklärt also, warum wir in vielen Situationen so und nicht anders handeln;

2. es beantwortet nicht nur die Frage nach dem Persönlichkeitstyp, sondern beinhaltet eine dynamische Komponente (s. Kap. 5), die für jedes Persönlichkeitsprofil deutlich die

Leistungen des Enneagramms

Potenziale für eine gesunde Persönlichkeitsentwicklung, aber auch die Risiken in Form von Stressspiralen aufzeigt; für die Entwicklungsrichtung ist besonders auffällig, dass genau jene Dinge zu entwickeln sind, die auch ein wenig schwerfallen; es sind immer jene Potenziale, die ein Gegengewicht zum eigenen Grundtyp bilden;

3. es erweitert die bipolare Stärken-/Schwächen-Sichtweise auf den Dreiklang Stärken, Nicht-Stärken und Schwächen; es differenziert ausdrücklich zwischen angelegten Talenten und „Nicht-Angelegtem", das es im Rahmen des Möglichen zu entwickeln gilt; und es versteht unter Schwächen die Übertreibung der Stärken, die sich in ihr Gegenteil verkehren.

Beim Enneagramm handelt es sich um ein altes Persönlichkeitsmodell, das in den vergangenen zehn Jahren auch erfolgreich in Organisationen etabliert wurde. Es baut als Modell auf der Annahme auf, dass es für das psychische Überleben des Menschen drei zentrale Motive gibt, die nach Erfüllung streben: Autonomie, Anerkennung und Sicherheit. Es geht weiterhin davon aus, dass bei jedem Menschen ein zentrales Motiv nachhaltig unterversorgt war bzw. ist, was zur Ausprägung von ganz spezifischen Verhaltensmustern oder Gewohnheiten geführt hat, die dieses Defizit beheben sollen.

Drei zentrale Motive, die nach Erfüllung streben: Autonomie, Anerkennung und Sicherheit

Tödter und Werner beschreiben dazu für jedes zentrale Motiv unterschiedliche „Strategien" der Bedürfniserfüllung, was zu neun deutlich voneinander abgrenzbaren Persönlichkeitsprofilen führt:

Die drei Grundmotive

SELBSTBESTIMMUNG ALS ZENTRALES MOTIV

Persönlichkeitsprofil 8:
Der Boss

MACHT — Handeln, Kontrolle und die Durchsetzung des eigenen Willens sollen vor dem Verlust der Selbstbestimmung bewahren.

Persönlichkeitsprofil 9:
Der Vermittler

KONSENS — Verständnis, Ausgleich und Verzicht auf Egoismus sollen vor dem Verlust der Selbstbestimmung bewahren.

Persönlichkeitsprofil 1:
Der Reformer

PRINZIPIEN — Regeleinhaltung, Fehlervermeidung und Selbstkontrolle sollen vor dem Verlust der Selbstbestimmung bewahren.

ANERKENNUNG ALS ZENTRALES MOTIV

BEZIEHUNGEN	Geben, Helfen und andere zu beraten bringt Anerkennung.	*Persönlichkeitsprofil 2: Der Unterstützer*
WETTBEWERB	Leistung und Erfolg im Wettbewerb sorgen für Anerkennung.	*Persönlichkeitsprofil 3: Der Erfolgsmensch*
GEFÜHLE	Authentizität und ein unverwechselbarer Stil bringen Anerkennung.	*Persönlichkeitsprofil 4: Der Individualist*

SICHERHEIT ALS ZENTRALES MOTIV

GEDANKEN	Beobachten, Denken und Abstand halten gibt Sicherheit.	*Persönlichkeitsprofil 5: Der Stratege*
PROBLEME	Probleme, Risiken und Gefahren aufzuspüren und zu bewältigen vermittelt Sicherheit.	*Persönlichkeitsprofil 6: Der loyale Skeptiker*
GENUSS	Optimismus, positives Denken und Wahlmöglichkeiten geben Sicherheit.	*Persönlichkeitsprofil 7: Der Optimist*

Angelerntes Verhalten muss mit der eigenen Struktur übereinstimmen, um authentisch zu wirken

Zusätzlich zu den genetisch-biologischen, unveränderbaren Grundstrukturen als eine Basis von Persönlichkeit gibt es die umweltbedingten, erlernten und veränderbaren Merkmale der Persönlichkeit. Diese werden in den Persönlichkeitsmodellen, die in Organisationen verwendet werden, thematisiert.

Wenn sich ein Mensch Verhaltensweisen anzutrainieren versucht, die nicht mit der eigenen Grundstruktur übereinstimmen, erzeugt das Stress. Auch wenn wir auf Dauer ein nicht zur eigenen Natur passendes Verhalten zeigen müssen, sind wir nicht authentisch und erzeugen Stress für uns selbst. Die Folgen sind Unglaubwürdigkeit, Überforderung und Sinnlosigkeit.

Ein Verhalten, das nicht mit der eigenen Grundstruktur übereinstimmt, erzeugt Stress

Um dem Anspruch eines Ratgebers für authentische Führung gerecht zu werden, braucht es ein Modell, das die Ebene des unveränderbaren „Betriebssystems", des „Bio-Computers" Gehirn, und die Ebene der veränderbaren „Softwareprogramme", das angelernte Verhalten und die zu Grunde liegenden Motive und Absichten, integriert.

Außerdem muss es sehr präzise beschreiben, wie Aufmerksamkeit organisiert wird, um automatisches Handeln – Autopilot – und selektive Wahrnehmung – Autofokus – bewusst zu machen. Das Modell sollte wissenschaftlich validiert sein und

Autopilot und Autofokus steuern unser Verhalten

interkulturellen Anforderungen, hervorgebracht durch die Globalisierung, genügen.

Aus diesen vielfältigen Gründen haben sich die Autoren für das Enneagramm entschieden.

Bewusstes Handeln versus „Autopilot" oder „Autofokus"

Verhaltensroutinen und selektive Wahrnehmung zu Gunsten eines bewussten Umgangs mit sich selbst und seinem Umfeld durchbrechen

Bei der Beschäftigung mit dem Enneagramm geht es darum, sich selbst zu beobachten, die automatische Ausrichtung der Aufmerksamkeit zu Gunsten einer bewussten Hinwendung zu sich und seinem Umfeld zu reduzieren und damit die Handlungsoptionen zu erweitern.

Häufig läuft menschliches Verhalten gewissermaßen auf „Autopilot". Der Autopilot in einem Flugzeug entlastet den Piloten bei lästigen und ermüdenden Steuervorgängen beim langwierigen Streckenflug. Er beinhaltet eine Menge an Standard-Routinen und eine große Zahl weiterer Regelfunktionen, die unerwünschte Bewegungen abfangen und den Passagieren den Flug angenehmer machen sollen. Die Piloten wiederum können sich in anspruchsvollen Flugphasen – wie etwa beim Start, vor der Landung oder bei Planänderungen durch die Flugsicherung – ihren Tätigkeiten widmen, ohne das Flugzeug dauernd nachsteuern zu müssen.

Ähnlich geht der Mensch mit dem Phänomen der selektiven Wahrnehmung um. Sie funktioniert ähnlich wie ein Autofokus. Als Autofokus wird die Technik einer Kamera oder allgemein eines jeden optischen Apparates bezeichnet, automatisch auf ein Motiv scharfzustellen. Um Kontinuität zu gewährleisten, sind Routinen eingeübt, die automatisch abgerufen werden, ohne bewusste Reflexion.

Der Nachteil besteht darin, dass sich diese Routinen in einer Zeit entwickelt haben, in der die meisten Menschen noch gar nicht in der Lage waren, darüber zu reflektieren, und sie für die aktuelle Situation nicht unbedingt angemessen sein müssen.

Wir möchten mit dem Material in diesem Buch dazu beitragen, diesen Reflexionsprozess zu unterstützen. Im Umgang mit sehr unterschiedlichen Menschen, mit sich immer schneller verändernden Umfeldern und Anforderungen, ist das für jede Führungskraft nicht nur unerlässlich, sondern immer auch eine Quelle von Kraft und Freude.

Jedes Persönlichkeitsprofil hat Anlagen zur hervorragenden Führungskraft

Bevor wir die Erkenntnisse aus dem Typenmodell des Enneagramms für Führungskräfte beschreiben, möchten wir noch einmal klarstellen: Jeder Mensch hat eine einzigartige Persönlichkeit. Und jedes der neun Persönlichkeitsprofile des Enneagramms bietet ausreichende Grundlagen, um eine hervorragende und authentische Führungskraft zu werden. Dazu sollte die Führungskraft jedoch ihre mustertypischen Stärken, Nicht-Stärken und Schwächen (Übertreibung der Stärken) kennen.

Das Enneagramm stellt Beobachtungskategorien zur Verfügung und beschreibt Denk-, Fühl- und Verhaltensmuster mit den zugrunde liegenden Motivationen. Es durchdringt sowohl privates als auch berufliches Handeln. Ziel der Beschäftigung mit dem Enneagramm ist es, die Energien zügeln zu lernen, die unsere negativen Automatismen steuern. Dadurch können Handlungsoptionen erweitert werden, die für die jeweilige Situation angemessener und damit verantwortlicher sind.

Im nachfolgenden Kapitel finden Sie für alle neun Persönlichkeitsprofile des Enneagramms die wichtigsten für Führungskräfte relevanten Informationen in Form eines „Steckbriefes" zusammengestellt. Diese Übersicht soll Ihnen helfen, Ihr eigenes Persönlichkeitsprofil zu identifizieren. Wer unsicher bleibt, kann vielleicht einige Profile klar ausschließen und erhält in den nachfolgenden Kapiteln Informationen, die der Klärung dienen.

Steckbriefe für alle neun Persönlichkeitsprofile

Die Autoren möchten noch einmal darauf hinweisen, dass es nicht Sinn des Enneagramms ist, persönliches Verhalten und individuelle Neigungen vollständig zu erklären. Es dient dazu, Licht ins Dunkel unserer Gewohnheiten, Abwehrreflexe und blinden Flecken zu bringen, und kann so zu einem wertvollen Instrument auf dem Weg der Entwicklung und Reife der Persönlichkeit werden. Zudem kann es zu erhellenden Erkenntnissen führen, wie andere Menschen „ticken".

Was die einzelnen Profile an natürlichen Talenten mitbringen, die zum Beispiel zum Gelingen eines Projekts beitragen können, zeigt Abbildung 1. Alle Profile leisten also einen wichtigen Beitrag und keines ist besser als ein anderes. Wenn jeder im Team die Stärken des anderen respektiert, statt sie zu bekämpfen, wird deutlich, welche Synergien im Hinblick auf den Teamerfolg möglich sind.

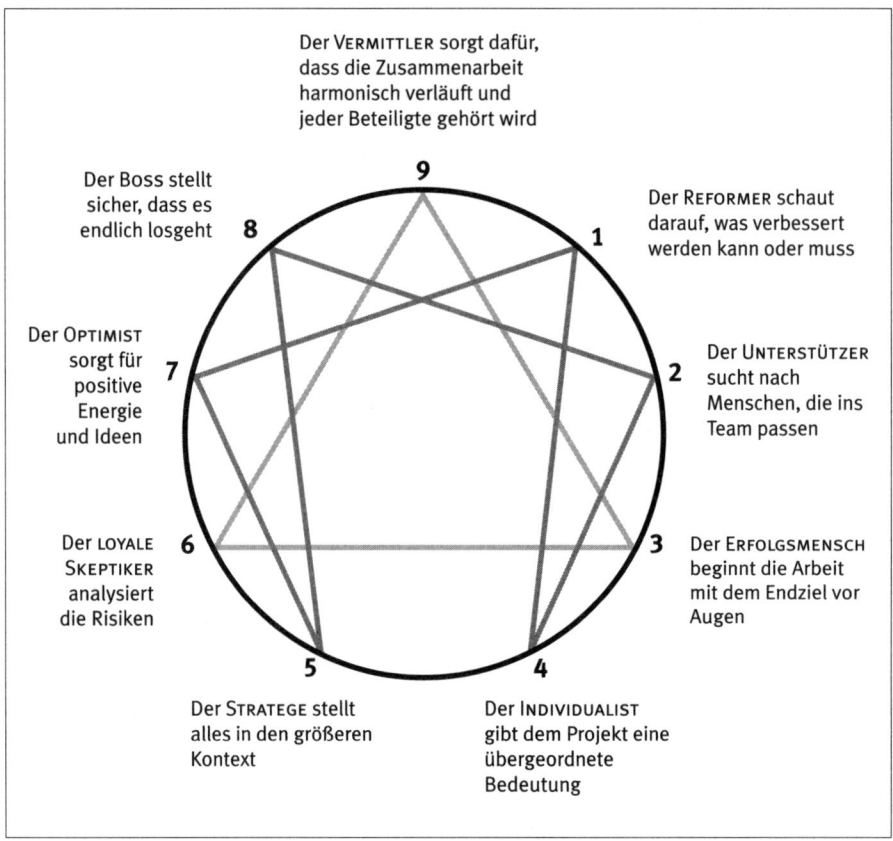

Abb. 1: Die natürlichen Talente der Enneagramm-Profile am Beispiel eines gelingenden Teamprojektes

2 STECKBRIEFE DER NEUN PERSÖNLICHKEITSPROFILE DES ENNEAGRAMMS

WAS ZEICHNET DIE EINZELNEN PROFILE AUS?
WELCHE DEFIZITE SIND BEREITS VORPROGRAMMIERT?
WELCHE POTENZIALE LIEGEN BRACH?
WO BRAUCHT ES EINE EFFEKTIVERE SELBSTKONTROLLE?

Die folgenden neun Doppelseiten sollen Ihnen einen Überblick über die neun Persönlichkeitsprofile verschaffen, Ihnen aber auch als Hilfsmittel zu einer ersten Selbsteinschätzung dienen.

Überblick und erste Selbsteinschätzung

Die langjährige Erfahrung der Autoren mit dem Einsatz des Enneagramms in Führungstrainings zeigt, dass etwa zwei Drittel der Teilnehmenden ihren dominanten Persönlichkeits- bzw. Führungsstil relativ schnell identifizieren können. Diese Einschätzung wird auch durch eine wissenschaftliche Studie von David Daniels und Virginia Price aus den USA im Wesentlichen bestätigt. Beim übrigen Drittel hilft oft ein Zurück-Zoomen in die Vergangenheit weiter, denn in jüngeren Jahren zeigt sich das Persönlichkeitsprofil meist noch viel ungeschminkter und die integrierten Lernerfahrungen sind geringer.

Wenn erfolgreiche Führungskräfte die verschiedenen Profile vorgestellt bekommen, sehen sie sich überdurchschnittlich oft als Drei (Erfolgsmensch), Sieben (Optimist) oder Acht (Boss). Das hängt damit zusammen, dass die typischen Eigenschaften dieser Profile im Führungsalltag besonders gefragt sind, denn sie beschleunigen die Karriere. Auf den zweiten Blick revidieren manche aber ihre erste Einschätzung und merken, dass sie eigentlich ein anderes Profil haben. Hilfreich ist dabei oft der Blick zurück in die Altersstufe um die Zwanzig. In diesem Alter zeigt sich das Grundmuster meist noch recht ungeniert und der Wille, an der eigenen Persönlichkeit zu arbeiten, ist wenig ausgeprägt.

Obwohl jedes Persönlichkeitsprofil verschiedene Facetten hat – wie jeweils die verschiedenen Alias-Namen verdeutlichen – haben wir der Anschaulichkeit halber jedes Profil mit einem übergeordneten Namen betitelt. Natürlich kann der Leser unter den Alias-Namen auch einen anderen wählen, der ihm eher zusagt.

2.1 Der Reformer: Steckbrief des Persönlichkeitsprofils Eins

ALIAS-NAMEN

Perfektionist – Planer – Kritiker – Mr. 100 Prozent

DER AUTOPILOT VON MENSCHEN MIT DEM PERSÖNLICHKEITSPROFIL EINS IST PROGRAMMIERT AUF

Perfekte Organisation – Fehlervermeidung – Reformen – Optimierung von Regeln und Verfahren

AUTOFOKUS	• Um jeden Preis alles richtig machen, niemals die Selbstkontrolle verlieren
DIE WELTSICHT	• Die Welt ist unvollkommen; gut ist nicht gut genug; ohne Einsatz für Werte, Normen und Strukturen droht das Chaos
DER BLINDE FLECK	• Bewusstsein, dass auch unorthodoxe (unvollkommene) Wege zu einem guten Ergebnis führen können
TALENTE	• Ordnungssinn, Pflichtbewusstsein, Pünktlichkeit, Organisationstalent • Schaffung und Verbesserung sinnvoller Strukturen, Regeln und Abläufe • Sinn für zukunftsweisende Reformen und Qualitätssicherung
FAVORISIERTE JOBS	• Lehrer, Staatsanwalt, Pastor, Qualitätskontrolleur, Verwaltungsexperte
KOMMUNIKATIONS-VERHALTEN	• Hoch entwickelter kritischer Verstand, „TÜV-Blick", steht oft unter Strom • Die Hilfsverben *„müsste"*, *„sollte"*, *„hätte zu"* haben Hochkonjunktur • Neigt zum Belehren und Moralisieren, verspannte Haltung

DEFIZITE	• Geringe Fehlertoleranz, Delegation fällt schwer, das erzeugt Zeitstress • Macht zu starre Vorgaben, die anderen kaum Spielräume lassen • Versucht, andere gegen ihren Willen zu besseren Menschen zu erziehen
VERHALTEN UNTER DAUERSTRESS	• Die hohe Selbstkontrolle versagt und sie schwankt unberechenbar zwischen Selbstmitleid und ungezügeltem Hass auf alles Unvollkommene
ENTWICKLUNGS-POTENZIALE	• Mehr loben und weniger tadeln; lernen, über sich selbst zu lachen • Genießen, entspannen und fünf mal gerade sein lassen • Den Sinn schärfen für das Optimum zwischen Aufwand und Ertrag
STÄRKEN IM FÜHRUNGS-VERHALTEN	• Führt mit klaren Anweisungen und konsequenten Prinzipien • Achtet auf lückenlose Pflichtenhefte und klare Stellenbeschreibungen • Hat meist einen Ruf als strenge, aber faire Führungskraft
NICHT-STÄRKEN IM FÜHRUNGS-VERHALTEN	• Wenig Fehlertoleranz und geringe Duldung von Standardabweichungen • Kreative, ungelenkte Prozesse werden wenig zugelassen • Das Gelingende und das Positive werden zu wenig beachtet und betont
SCHWÄCHEN IM FÜHRUNGS-VERHALTEN	• Pedanterie und unverhältnismäßige Strenge in Detailfragen • Neigt zu Bürokratisierung und zu großer Kontroll- und Regelungsdichte • Zwängt Mitarbeiter in ein Disziplinkorsett, das wenig Luft zum Atmen lässt

2.2 Der Unterstützer: Steckbrief des Persönlichkeitsprofils Zwei

ALIAS-NAMEN

Helfer – Fürsorglicher – Beziehungsmanager – Mr. Unentbehrlich

DER AUTOPILOT VON MENSCHEN MIT DEM PERSÖNLICHKEITSPROFIL ZWEI IST PROGRAMMIERT AUF

Bedürfnisse – Menschen einzubinden – Beziehungen zu pflegen – Potenziale zu fördern – gebraucht zu werden

AUTOFOKUS	• Die Bedürfnisse und Nöte anderer, das Zwischenmenschliche
DIE WELTSICHT	• Niemand hilft so gut wie ich
DER BLINDE FLECK	• Die eigenen Bedürfnisse und die Fähigkeit zur Selbsthilfe bei anderen
TALENTE	• Ist mitfühlend und unterstützt mit Rat und Tat • Gute Intuition für Beziehungsgefüge • Fördert andere bei der Entfaltung ihrer Talente
FAVORISIERTE JOBS	• Berater, Coach, als stellvertretende Leitung oder rechte Hand
KOMMUNIKATIONS-VERHALTEN	• Sehr kommunikativ und warmherzig im vertrauten Bereich • Zurückhaltend und mit Anlaufschwierigkeiten in einer fremden Umgebung • Schmeichelnder Ton, bei Sympathie wird schnell Körperkontakt gesucht
DEFIZITE	• Powert sich schnell aus, da wenig Kontakt zu den eigenen Bedürfnissen • Der Fokus auf Beziehungen trübt den Blick für Logik und Sachargumente • Handlungsschwach, wenn wichtige Beziehungen gefährdet erscheinen

Verhalten unter Dauerstress	• Befehlston und Gefühlskälte, wenn andere sich abwenden und die Selbstaufopferung dauerhaft nicht (oder nicht mehr) gewürdigt wird
Entwicklungs-potenziale	• Eigene Bedürfnisse erkennen und ausleben, egal, ob es anderen gefällt • Fähigkeit zur Abgrenzung entwickeln, sonst besteht Burn-Out-Gefahr • Robuster werden, Kritik und Angriffe aushalten und abwehren
Stärken im Führungs-verhalten	• Fürsorglichkeit, Herzlichkeit, hilft bei privaten Problemen • Gute Sensoren für Mitarbeiter- und Kundenzufriedenheit • Gezielte Potenzialentwicklung bei den Mitarbeitern
Nicht-Stärken im Führungs-verhalten	• Meidet die „harten" Seiten des Führens oder schiebt sie auf die lange Bank • Mischt sich gern ein, weil das Zwischenmenschliche Priorität hat • Vergisst, an sich zu denken, und schwächt damit die eigene Position
Schwächen im Führungs-verhalten	• Aufdringlichkeit, Vermischung von Privatem und Dienstlichem • Schafft Abhängigkeit und verhindert so die Übernahme von Verantwortung • Emotionalisiert Debatten, statt sie zu versachlichen

2.3 Der Erfolgsmensch: Steckbrief des Persönlichkeitsprofils Drei

ALIAS-NAMEN

Zielorientierter – Siegertyp – Verkäufer – Mr. Top Performance

DER AUTOPILOT VON MENSCHEN MIT DEM PERSÖNLICHKEITSPROFIL DREI IST PROGRAMMIERT AUF

Wettbewerb – Leistung – Erfolg – Ziele – Status – Image – Effektivität – Effizienz – Prestige

AUTOFOKUS	• Was braucht es hier, um gut anzukommen?
DIE WELTSICHT	• Nur Leistung führt nach ganz oben, der zweite Sieger ist der erste Verlierer
DER BLINDE FLECK	• Eigene Gefühle, eigene Defizite, der Wert von Menschen an sich ohne Leistungsmaßstäbe
TALENTE	• Präsentation und Marketing, Lust auf Führungspositionen • Gespür für Trends und die guten Geschäfte von morgen, Unternehmergeist • Multitasker, kann aber auch alle Energie auf das Wichtigste bündeln
FAVORISIERTE JOBS	• Direktor, Marketing und Verkauf, Promoter, Präsentationen machen
KOMMUNIKATIONS-VERHALTEN	• Kann Themen und auch sich selbst gut und charmant in Szene setzen • Flexibel, spontan, wendig, antizipiert schnell die Publikumserwartung • Motivierende Sprache, Superlative, gestikulierend, einpeitschend
DEFIZITE	• Blendet die eigenen Gefühle aus, hält Stille und Nichtstun nur schwer aus • Opportunismus, Mangel an Authentizität, das Ziel rechtfertigt die Mittel • Starker Drang in den Mittelpunkt, neigt zu Profilierung auf Kosten anderer

VERHALTEN UNTER DAUERSTRESS	• Bricht die perfekte Fassade zusammen, folgt Antriebslosigkeit • Ziele erscheinen sinnlos, betäubt sich, um nichts mehr spüren zu müssen
ENTWICKLUNGS-POTENZIALE	• Bei allem, was man tut und erreichen möchte, die Sinnfrage zu stellen • Entschleunigen, weniger Aktionismus, Work-Life-Balance • Nicht alles können müssen, Verlieren (spielerisch) erlernen
STÄRKEN IM FÜHRUNGS-VERHALTEN	• Ehrgeizige Ziele und sichtbarer Erfolg motivieren die Mitarbeiter • Fordert hohes Tempo und hohe Leistungen, belohnt diese aber auch • Guter Taktiker, sichert den Vorsprung vor der Konkurrenz
NICHT-STÄRKEN IM FÜHRUNGS-VERHALTEN	• Verlangsamung und das Eingestehen von Niederlagen fallen schwer • Sich treu und motiviert bleiben, auch wenn der Applaus ausbleibt • Es fehlt an Rückgrat, wenn er nicht in einem guten Licht dasteht
SCHWÄCHEN IM FÜHRUNGS-VERHALTEN	• Themen wie Sinn, Ethik und Nachhaltigkeit werden oft ausgeblendet • Das Primat der Leistung wirkt auf die Mitarbeiter unmenschlich • Agiert opportunistisch und riskiert damit die Loyalität der Mitarbeiter

2.4 Der Individualist: Steckbrief des Persönlichkeitsprofils Vier

ALIAS-NAMEN
Leidenschaftlicher – Ästhet – Außergewöhnlicher – Mr. Special Project

DER AUTOPILOT VON MENSCHEN MIT DEM PERSÖNLICHKEITSPROFIL VIER IST PROGRAMMIERT AUF
das Besondere – Echtheit – individuellen Stil – Schönheit – intensive Erfahrungen – Leidenschaft

AUTOFOKUS	• Das, was fehlt (oder verloren gegangen ist), um wirklich glücklich zu sein
DIE WELTSICHT	• Alles hat eine Bedeutung, die viele aber nicht begreifen
DER BLINDE FLECK	• Das stille, kleine Glück im Gewöhnlichen und der Wert des Alltäglichen
TALENTE	• Sinn für Stimmigkeit, Authentizität und Einzigartigkeit • Kreativität, künstlerischer Ausdruck, hohes schöpferisches Potenzial • Guter Begleiter für andere in existenziellen Krisen
FAVORISIERTE JOBS	• Künstler, Stilberater, Designer, Architekt, Krisenbegleiter
KOMMUNIKATIONS-VERHALTEN	• Achtet sehr auf professionelles Auftreten mit persönlicher Note • Kommuniziert oft indirekt, sagt Dinge durch die Blume • Sprache betont bedeutungsvoll, manchmal mit melancholischem Unterton
DEFIZITE	• Mangelnde Präsenz im Augenblick, das Gefühl, nicht zu genügen • Abwertung des Normalen, Gewöhnlichen, Alltäglichen • Selbstverliebtheit, auch in Schmerz und Leid

Verhalten unter Dauerstress	• Selbstaufopferung bis zur Selbstaufgabe • hängt sich wie eine Klette an andere, die sie vermeintlich brauchen • lässt keine Luft zum Atmen
Entwicklungspotenziale	• Entwicklung von Prinzipientreue und Strukturen • Verbindlichkeit und Zuverlässigkeit unabhängig von der Stimmung • Steigerung der Alltagspräsenz, Ordnung schaffen im Gefühlschaos
Stärken im Führungsverhalten	• Verfolgt Ziele und Mission mit Leidenschaft • Führt dahin, dass Mitarbeiter Bedeutung und Sinn in ihrer Arbeit sehen • Inspiriert durch persönliche Zuwendung dazu, exzellente Arbeit zu leisten
Nicht-Stärken im Führungsverhalten	• Meidet Alltagsroutinen und weicht gern von Standards ab • Bewertet und schätzt das Bewährte und Etablierte gering • Mangelnde Kontinuität und Verbindlichkeit, Überempfindlichkeit
Schwächen im Führungsverhalten	• Neigt zu großer Emotionalität und extremen Gefühlsschwankungen • Ist zu sehr auf sich und das Individuelle fokussiert • Steigert sich so in Projekte hinein, dass Mitarbeiter sich abgehängt fühlen

2.5 Der Stratege: Steckbrief des Persönlichkeitsprofils Fünf

ALIAS-NAMEN

Beobachter – Denker – Theoretiker – Mr. Independent

DER AUTOPILOT VON MENSCHEN MIT DEM PERSÖNLICHKEITSPROFIL FÜNF IST PROGRAMMIERT AUF

Übersicht zu gewinnen – logisch zu denken – Verstehen – Wissen zu schaffen – strategisch zu handeln

AUTOFOKUS	• Meine Zeit, meinen Raum, meine Energie sichern und unabhängig bleiben
DIE WELTSICHT	• Die Welt zu beobachten ist spannend, teilnehmen ist oft anstrengend
DER BLINDE FLECK	• Das Eingebundensein und die Verantwortung für das Gemeinsame
TALENTE	• Objektive Haltung, Überparteilichkeit, Sachorientierung • Strukturiertes Denken, Delegation, strategische Planung, Weitsicht • Deduktiv-analytische Begabung, theoriestark, hohes Abstraktionsvermögen
FAVORISIERTE JOBS	• Wissenschaftler, Fachjournalist, unabhängiger Experte, strategischer Kopf
KOMMUNIKATIONS-VERHALTEN	• Kommuniziert knapp und präzise, ist fokussiert auf das Wesentliche • Sachliche, nüchterne Sprache, dozierender Stil • Steifheit, körperlich distanziert, trockener britischer Humor
DEFIZITE	• Denkt lieber anstatt zu handeln, bezieht nicht gern auf Druck Stellung • Mangel an Mitgefühl durch die Entkoppelung von Gedanken und Gefühlen • Schnell überfordert, wenn das Gegenüber emotional reagiert

VERHALTEN UNTER DAUERSTRESS	• Entwickelt hektische Betriebsamkeit, wird unkonzentriert und sprunghaft • Reagiert gereizt und aggressiv auf Beschränkungen und Anforderungen
ENTWICKLUNGS-POTENZIALE	• Großzügiger, uneigennütziger und spontaner werden • Parallel zum Denken rechtzeitig handeln und Verantwortung übernehmen • Auskunft geben über sich und die eigenen Gefühle
STÄRKEN IM FÜHRUNGS-VERHALTEN	• Dirigiert aus der Distanz mit viel Weitblick und strategischem Kalkül • Kommuniziert klar, präzise, knapp und delegiert konsequent • Straffes Organisationswesen, guter Haushälter, meidet alles Unnötige
NICHT-STÄRKEN IM FÜHRUNGS-VERHALTEN	• Es mangelt an Präsenz der eigenen Gefühle und Mitgefühl für andere • Immer verfügbar sein und spontane Reaktionen sind ein Gräuel • Überfordert in Situationen, die emotional außer Kontrolle geraten (könnten)
SCHWÄCHEN IM FÜHRUNGS-VERHALTEN	• Zurückhaltung und geringe menschliche Nähe verunsichern die Mitarbeiter • Geringe Überzeugskraft, weil Motive/Gründe nicht erläutert werden • Behandelt Menschen wie Schachbrettfiguren, wirkt geizig

2.6 Der loyale Skeptiker: Steckbrief des Persönlichkeitsprofils Sechs

ALIAS-NAMEN

Risikoanalyst – Vorsichtiger – Detektiv – Mr. Advocatus Diaboli

DER AUTOPILOT VON MENSCHEN MIT DEM PERSÖNLICHKEITSPROFIL SECHS IST PROGRAMMIERT AUF

Gefahren – Risiken – Probleme – Zweifeln – Hinterfragen – Absichern – Vorbeugen

AUTOFOKUS	• Alles, was schiefgehen könnte, und wie sich dies verhindern ließe
DIE WELTSICHT	• Die Welt ist ein gefährlicher Ort – wer überleben will, muss wachsam sein
DER BLINDE FLECK	• Anerkennen, was gut läuft, an das Gute im Gegenüber glauben
TALENTE	• Guter Problemmanager, risikobewusst und präventiv agierend • Hervorragender Analytiker, findet die Stecknadel im Heuhaufen • Loyal, pflichtbewusst, Krisenmanagement, Fähigkeit zum Multitasking
FAVORISIERTE JOBS	• Sicherheitsbeauftragter, Polizist, Wachdienst, Anwalt, Notlagenberatung
KOMMUNIKATIONS-VERHALTEN	• Hinterfragt, will die verborgenen Absichten des Gegenübers erkunden • Bedenkenträger, *„Ja-aber-Haltung"*, lässt sich Bedenken nicht ausreden • Checkt den Gegenüber auf Vertrauenswürdigkeit und Kompetenz

DEFIZITE	• Schaut zu wenig auf das Gelingende, übersteigert Bedrohungen • Wird nervös, wenn alles (zu) gut läuft, und verstärkt dann Probleme • Lobt zu wenig und gibt zu wenig Vertrauensvorschuss
VERHALTEN UNTER DAUERSTRESS	• Zweifel werden ausgeblendet, es folgt kopfloser Aktionismus • Schaumschlägerei und Wahrung der Fassade um jeden Preis
ENTWICKLUNGS-POTENZIALE	• Angemessene Würdigung dessen, was gut funktioniert • Auf „Ja-aber-Sätze" verzichten, Lust am kontinuierlichen Erfolg entwickeln • Das Gespür für den richtigen Zeitpunkt für Bedenken schärfen
STÄRKEN IM FÜHRUNGSVER-HALTEN	• Hat immer den sicheren Fortbestand des Teams im Blick • Leistet Beistand bei der Bewältigung von Problemen und Krisen • Geht Problemen auf den Grund und verfügt über einen langen Atem
NICHT-STÄRKEN IM FÜHRUNGS-VERHALTEN	• Vertraut zu wenig auf die Problemlösungskompetenz der Mitarbeiter • Es fehlt mitunter an einer positiven Zukunftsausrichtung • Genießen ist „out", Erfolge werden tiefgestapelt – das trübt die Stimmung
SCHWÄCHEN IM FÜHRUNGS-VERHALTEN	• Neigt zu Einbildungen und sieht Probleme, wo keine sind • Nur wer Schwierigkeiten hat, erhält Aufmerksamkeit – das polarisiert • Hält am Schwierigen zu lange fest und lässt eine klare Linie vermissen

2.7 Der Optimist: Steckbrief des Persönlichkeitsprofils Sieben

ALIAS-NAMEN

Visionär – Innovator – Genießer – Mr. Win-win

DER AUTOPILOT VON MENSCHEN MIT DEM PERSÖNLICHKEITSPROFIL SIEBEN IST PROGRAMMIERT AUF

Möglichkeiten – das Positive – Mehr ist mehr – Freude – Ideen – Neuerungen – Alternativen

AUTOFOKUS	• Alles, was Spaß macht im Leben, das Neue und Unbekannte
DIE WELTSICHT	• Das Leben ist zu kurz, um sich mit langweiligen Dingen zu belasten
DER BLINDE FLECK	• Ausweichen vor dem Unangenehmen, das Verbindliche, Tiefgang, Begrenzungen jeder Art
TALENTE	• Spontaneität, Innovation, Initiative, Entdeckergeist • Kommunikation, Motivation, Begeisterung, Lachen • Wehrhaftigkeit, sich nicht unterkriegen lassen, Lösungsorientierung
FAVORISIERTE JOBS	• Planung, Ideengeber, Kommunikationsdrehscheibe, Koordinator
KOMMUNIKATIONS-VERHALTEN	• Betont das Positive an allen Dingen, auch in problematischen Situationen • Blumige Sprache, idealisiert, verbreitet eine positive Stimmung • Erzählt gern Geschichten, liebt Optionen, schafft Alternativen
DEFIZITE	• Unverbindlichkeit, Oberflächlichkeit, weicht bei kritischen Dingen gern aus • Deutet Negatives in Positives um, idealisiert Banalitäten • Meidet Konflikte und Tiefgang bei Unangenehmem

VERHALTEN UNTER DAUERSTRESS	• Wird pedantisch, oberlehrerhaft und streng • Weist Schuld zu und verbreitet eine gereizte Atmosphäre
ENTWICKLUNGSPOTENZIALE	• Nüchterner, verbindlicher und klarer werden, das Wesentliche erkennen • Mehr Abstand gewinnen und sich mehr Zeit zum Nachdenken nehmen • Eigene Fehler und Schuld unumwunden eingestehen
STÄRKEN IM FÜHRUNGSVERHALTEN	• Motiviert und begeistert, lässt Freiräume für eigenverantwortliches Handeln • Regt Innovationen an und lässt unorthodoxe Wege zu • Praktiziert einen kollegialen Führungsstil ohne hierarchische Rituale
NICHT-STÄRKEN IM FÜHRUNGSVERHALTEN	• Greift bei Problemen und Konflikten zu spät ein bzw. durch • Sorgt wenig für Verbindlichkeit, Kontinuität und Disziplin • Meidet die harten Seiten des Führens und verursacht damit Unsicherheit
SCHWÄCHEN IM FÜHRUNGSVERHALTEN	• Redet Probleme schön und lenkt sich und andere von Wesentlichem ab • Fängt viele Dinge euphorisch an und lässt sie unfertig liegen • Der kumpelhafte Stil verleitet zu Respektlosigkeit und schafft Irritationen

2.8 Der Boss: Steckbrief des Persönlichkeitsprofils Acht

ALIAS-NAMEN

Kämpfer – Machtmensch – Beschützer – Mr. Bad Guy

DER AUTOPILOT VON MENSCHEN MIT DEM PERSÖNLICH-KEITSPROFIL ACHT IST PROGRAMMIERT AUF

Macht – Einfluss – Kontrolle – Gerechtigkeit – Freund/Feind – Mein Wille geschehe – Stärke

AUTOFOKUS	• Macht, Einfluss und Kontrolle ausüben, um unabhängig zu bleiben
DIE WELTSICHT	• Das Leben ist Kampf; du musst stark sein, um zu überleben
DER BLINDE FLECK	• Die sanfte Art, Nachgiebigkeit, Mitfühlen und Mitleid, die eigene Verletzlichkeit
TALENTE	• Durchsetzungsvermögen, Entschlussfreudigkeit, steht gern an der Spitze • Geht Auseinandersetzungen nicht aus dem Weg und behauptet sich • Beschützerinstinkt, holt für andere die Kohlen aus dem Feuer
FAVORISIERTE JOBS	• Generalist, Vorstandsvorsitzender, Gewerkschafter, strebt generell nach Führungsverantwortung
KOMMUNIKATIONS-VERHALTEN	• Sagt offen und direkt seine Meinung, Meinungsführer, beschönigt nicht • Dominant, provokativ, handlungsorientiert, Schwarz-Weiß-Denken • Klare Anweisungen, gibt gern den Ton an und hat das letzte Wort
DEFIZITE	• Vorschnell, vorlaut, überschreitet Grenzen, ohne es zu merken • Uneinsichtigkeit, Selbstgerechtigkeit, Rachsucht • Unbeugsam, lässt sich nicht gern etwas sagen, manipuliert

VERHALTEN UNTER DAUERSTRESS	• Lässt den Rollladen runter und zieht sich zurück, Isolation • Stellt die Kommunikation ein, bisherige Gefolgsleute wenden sich ab
ENTWICKLUNGS-POTENZIALE	• Geduld und Einfühlungsvermögen entwickeln, eigene Verletzlichkeit akzeptieren • Beratung und Hilfe suchen und annehmen, sich fügen lernen • Verantwortung teilen, offen mit den eigenen Schwächen umgehen
STÄRKEN IM FÜHRUNGS-VERHALTEN	• Führt mit starker Hand, sorgt für eine klare Linie • Handelt entschlossen, auch wenn er sich selbst oder anderen wehtut • Stellt sich nach außen schützend vor seine Leute
NICHT-STÄRKEN IM FÜHRUNGS-VERHALTEN	• Freund-/Feind-Denken polarisiert und führt zu einer Ungleichbehandlung • Delegiert zu wenig, ist ungeduldig und undiplomatisch • Kann eigene Schwächen und Fehler schlecht zugeben
SCHWÄCHEN IM FÜHRUNGS-VERHALTEN	• Ist zu dominant und verhindert dadurch Eigeninitiative und -verantwortung • Ist rücksichtslos gegen sich und andere, geht über Leichen • Lässt Einmischung nicht zu, auch wenn sie sachlich berechtigt ist

2.9 Der Vermittler: Steckbrief des Persönlichkeitsprofils Neun

ALIAS-NAMEN

Friedliebender – Teamplayer – Verständnisvoller – Mr. Kompromiss

DER AUTOPILOT VON MENSCHEN MIT DEM PERSÖNLICHKEITSPROFIL NEUN IST PROGRAMMIERT AUF

Ausgleich der Interessen – Brücken zu bauen – Selbstständigkeit – das große Ganze – Gerechtigkeit

AUTOFOKUS	• Das Verbindende, das Gemeinsame, das „Sowohl-als-auch"
DIE WELTSICHT	• Alle Positionen haben etwas Berechtigtes und sollten gehört werden
DER BLINDE FLECK	• Der eigene Wille, das Trennende, das Unvereinbare
TALENTE	• Guter Zuhörer, Unvoreingenommenheit, Toleranz, Selbstlosigkeit • Geduldig, Ruhe bewahrend, ausgleichend, Kompromisse suchend • Lässt anderen Freiräume für die eigene Entfaltung
FAVORISIERTE JOBS	• Mediator, Schlichter, Diplomat, Gleicher unter Gleichen
KOMMUNIKATIONS-VERHALTEN	• Freundliche Art, sanft, wohlwollend, anpassungsfähig • Geht auf das Gegenüber ein, hört gut zu und bedrängt nicht • Lässt andere Meinungen gelten, manchmal ausufernd, neigt zu Exkursen
DEFIZITE	• Tut sich schwer, den eigenen Standpunkt zu finden und zu behaupten • Entscheidungsschwäche, Phlegma, Verzettelung, Sturheit • Meidet den Mittelpunkt, weicht Konflikten aus, will allen alles recht machen

VERHALTEN UNTER DAUERSTRESS	• Hinterfragt jeden Handlungsimpuls, sieht schwarz und handelt nicht mehr • Unterstellt anderen böse Absichten, neigt zu Überreaktionen und passiver Aggressivität
ENTWICKLUNGS-POTENZIALE	• Willensstärker werden, Prioritäten setzen, Verbindlichkeit • Selbstbewusster auftreten, das eigene Licht nicht unter den Scheffel stellen • Konfliktfähiger werden und den Mittelpunkt als Herausforderung annehmen
STÄRKEN IM FÜHRUNGS-VERHALTEN	• Fairness, führt an der langen Leine und lässt Freiräume • Sorgfalt in der Meinungsabwägung, jeder wird gehört • Tut viel für ein harmonisches Betriebsklima, in dem sich alle wohlfühlen
NICHT-STÄRKEN IM FÜHRUNGS-VERHALTEN	• Tut sich schwer, im Mittelpunkt zu stehen und allein verantwortlich zu sein • Lässt unter Druck in der Produktivität nach und verzettelt sich • Lässt die harte Hand auch dann vermissen, wenn sie notwendig wäre
SCHWÄCHEN IM FÜHRUNGS-VERHALTEN	• Ist gefährdet, sich die Zügel aus der Hand nehmen zu lassen • Verpasst oft den richtigen Zeitpunkt für entschlossenes Handeln • Kehrt Probleme mit großer Ausdauer unter den Teppich

3 Die Persönlichkeitsprofile des Enneagramms im Führungs-Check der sozialen Kompetenz

In diesem Kapitel werden die sieben für dieses Buch ausgewählten Kriterien für soziale Kompetenz (siehe Kap. 1.5.1 bis 1.5.7) systematisch für jedes der neun Enneagramm-Profile durchgecheckt:

1. Einfühlungsvermögen (Empathie)
2. Fähigkeit und Bereitschaft zum Perspektivwechsel
3. Klares Rollenbewusstsein und die Fähigkeit zum Rollenwechsel
4. Lösungsorientierung und strategische Ausrichtung
5. Kritikfähigkeit, Konfliktfähigkeit, Krisenfestigkeit
6. Unterstützung nicht-konformer Mitglieder
7. Sich und das eigene Team taktisch klug im System positionieren

3.1 Persönlichkeitsprofil Eins: Der Reformer im Führungs-Check der sozialen Kompetenz

Perfektionist – Planer – Kritiker – Mr. 100 Prozent

Lesen Sie zu diesem Persönlichkeitsprofil Eins auch noch einmal den Steckbrief auf Seite 56/57.

Führen mit Prinzipientreue und Selbstdisziplin

Menschen mit dem Persönlichkeitsprofil Eins machen gern dort Karriere, wo ihre Talente für Organisation, Reformen und Qualitätssicherung gefragt sind. Kein Profil hat einen so ausgeprägten Sinn für eine perfekt organisierte Administration mit reibungslosen Abläufen und minimalen Fehlerquoten. Während andere um das Thema „Verwaltung" gern einen großen Bogen machen, hat der Reformer hierfür sowohl Talent als auch ein gewisses Faible. Er legt Wert auf Formen und einen respektvollen Umgang. Korrektes und seriöses Erscheinen und Auftreten sind ihm wichtig. Wo Menschen mit dem Persönlichkeitsprofil Eins Führungsverantwortung tragen, gibt es präzise und klar voneinander abgegrenzte Stellenbeschreibungen, detaillierte Pflichtenhefte und sehr oft auch ausgefeilte Handbücher. Der Reformer stellt höchste Ansprüche an die Arbeitsorganisation und die Arbeitsergebnisse. Er ist ver-

Sinn für eine perfekt organisierte Administration

Höchste Ansprüche an Arbeitsorganisation und Arbeitsergebnisse

74

bindlich und Termintreue zählt zu seinen hervorragenden Eigenschaften. Fehlertoleranz gehört hingegen nicht zu seinen Stärken, ebenso wie das Gespür für das optimale Verhältnis zwischen Aufwand und Ertrag. Oft genug investiert der Reformer unverhältnismäßig viel Zeit für einen Qualitätssprung von 95 auf 98 Prozent, obwohl 90 Prozent ausgereicht hätten.

Geringe Fehlertoleranz

Ein Karrierebeispiel aus dem Profitbereich

Ariane, 46: Ich arbeite als Laborleiterin bei einem großen Blutspendedienst. Da ich nur einen Abiturschnitt von 1,9 hatte, was damals für die Direktzulassung zum Medizinstudium nicht reichte, habe ich zunächst eine Lehre als medizinisch-technische Assistentin gemacht und erst später studiert. Ich habe dann im Bereich Hygienewissenschaften promoviert und war zehn Jahre lang als stellvertretende Leiterin des Blutspendedienstes in einem Großklinikum tätig.

Mein Chef – ein Siebener-Optimist – und ich, wir waren ein gutes Gespann. Er hat für die positive Stimmung im Team und eine gute Außenvertretung gesorgt und ich habe das Alltagsgeschäft organisiert. Ich war da in meinem Element und das Feed-back von den Kunden und den anderen Klinikbereichen, mit denen wir eng zusammenarbeiten mussten, war durchweg positiv. Aus familiären Gründen bin ich dann in eine andere Stadt gewechselt und habe dort meine jetzige Stellung angenommen.

Ich bin nun selbst in leitender Stellung und profitiere von dem, was ich von meinem früheren Chef gelernt habe. Ich lobe viel mehr, bin toleranter geworden, wenn doch mal Fehler passieren, und habe mich sehr darum bemüht, ausgeglichener und entspannter in der Arbeit zu sein. Ich glaube, mein Team ist ganz zufrieden mit mir. Pläne für die Zukunft? Es gibt immer noch Dinge, die man optimieren könnte, wenn man mich nur ließe (*lächelt*). Aber mit manchen Dingen muss man sich eben abfinden, leider!

Authentisch führen aus der Sicht des Reformers

Menschen mit dem Profil Eins führen ihre Mitarbeiter auf der Grundlage profunder Werte, Regeln und Prinzipien, deren Einhaltung sie mit Disziplin und vor allem auch Selbstdisziplin verfolgen. Leitbilder von Unternehmen und Organisationen tragen oft die Handschrift von Reformern.

Mit gutem Vorbild vorangehen und die Einhaltung der Regeln und Prinzipien vorleben

Authentizität in der Führung heißt für den Reformer, mit gutem Vorbild voranzugehen und die Einhaltung der Regeln und Prinzipien vorzuleben. Hierfür investiert er viel Zeit und Energie. Wie unser Beispiel in Kapitel 1.3 gezeigt hat, ist es aber gar nicht immer sinnvoll, dass eine Führungskraft alle Regeln, die für ihre Mitarbeiter gelten, selbst befolgt. Das kann sogar unprofessionell sein.

Das starre Verständnis von Prinzipien verhindert situationsgerechtes Reagieren

Der Autopilot des Reformers diktiert jedoch ein Verständnis von Gerechtigkeit, das einer flexiblen Handhabung von Prinzipien zuwiderläuft. Er hat Angst, an Glaubwürdigkeit (vor sich selbst und vor anderen) zu verlieren, wenn er mit mehr Toleranz und Lockerheit an die Arbeit gehen würde. Er führt seine Mitarbeiter im Alltag mit umfassenden und detaillierten Aufträgen und sorgfältigen Anleitungen. Bei Auszubildenden, neuen Mitarbeitern oder wenn Tätigkeiten außerhalb der Routine zu erledigen sind, ist seine Art hoch effektiv. Geht er so aber auch im Routinealltag vor, lässt er seinen Mitarbeitern zu wenig Spielräume, was sich in einer sinkenden Motivation und Arbeitsunzufriedenheit niederschlagen kann.

Selbstkontrolle und wertende Grundhaltung als Empathiebremse

Der Reformer ist stets darum bemüht, seinem Gegenüber höflich und mit dem gebührenden Respekt zu begegnen. Dazu gehört auch, dass man ihm zuhört und ihm Aufmerksamkeit schenkt. Damit wären eigentlich zwei wichtige Voraussetzungen für eine hoch entwickelte Empathie gegeben.

Doch hat Empathie vornehmlich mit Fühlen zu tun und hier erweisen sich zwei wesentliche Eigenschaften des Autopiloten als Bremse: Zum einen erschwert die überentwickelte Selbstkontrolle es häufig, sich auf das Gegenüber wirklich einzulassen. Noch bedeutsamer ist die Eigenschaft, stets zu werten, bei sich selbst wie bei anderen.

Orientierung an höheren Werten

Alle Eindrücke, die der Autopilot empfängt, durchlaufen einen inneren „Werte-TÜV", der bestimmt, ob es in Ordnung ist, so zu denken, zu fühlen oder zu handeln. Es wird dabei weniger an persönlichen Wertvorstellungen abgeglichen, sondern eher an höheren Werten, wie Gesetz, Ethik, Moral oder Religion.

> **Bernhard, 33, Leiter des Kundenservices eines Elektro-marktes:** Im Kundenservice braucht man ein gutes Fingerspitzengefühl für Menschen. Eine Reklamation bedeutet, dass etwas nicht so ist, wie es sein sollte. Die Leute sind aufgebracht, weil sie einen Mangel festgestellt haben. Manche werden sogar ausfallend oder böse. In meiner Anfangszeit hier, als ich noch selbst den ganzen Tag mit Kunden zu tun hatte, bin ich schnell in die Defensive geraten, wenn Kunden sich (aus meiner Sicht) gehen ließen, unsachlich wurden oder mit Rundumschlägen kamen. Wer sich nicht an die Regeln des Anstands hielt, war bei mir unten durch und ich musste sehr aufpassen, nicht zurückzuschießen. Es ist aber auch vorgekommen, dass ich mich gemeinsam mit einem Kunden über einen Hersteller empört habe (*schmunzelt*). Beides war nicht gerade professionell.

Tipp *Werden Sie sich bewusst, dass Ihre Neigung zu werten Ihre größte Empathiebremse ist. Gestatten Sie sich selbst mehr Unvollkommenheiten. Dann müssen Sie Dingen, die Sie bei anderen stören, nicht mehr so viel Gewicht geben. Sie werden nachsichtiger und können mit Ihrem Gegenüber besser mitempfinden.*

Die Perspektive anderer nachvollziehen zu können ist ein Gebot der Vernunft

Sich auf der Vernunftebene die Perspektive des Gegenübers zu erschließen, fällt dem Reformer nicht besonders schwer. Aber auch diese wird sofort auf Herz und Nieren geprüft, ob sie vor dem inneren TÜV-Raster Bestand hat. Das Denken des Reformers vollzieht sich in Wertepaaren wie richtig/falsch oder berechtigt/unberechtigt. Den Perspektivwechsel nicht wertend vorzunehmen und die Ebene der kritischen Wertung erst später aktiv zuzuschalten ist eine Aufgabe, bei der der Reformer noch Entwicklungspotenzial hat. Auch sollte er sich noch mehr rückversichern, ob sein Eindruck von der Perspektive des Gegenübers wirklich zutrifft.

Die Ebene der kritischen Wertung erst später aktiv zuschalten

> **Bernhard, 33, Leiter Kundenservice:** Wenn ich heute zu einem kritischen Kundengespräch hinzugerufen werde, bleibe ich viel cooler und nehme die Sache nicht mehr so

persönlich wie früher. Es ist meine Aufgabe, die Verantwortung dafür zu übernehmen, dass möglichst rasch geklärt ist, ob der Kunde im Recht ist oder nicht – und das möglichst unbürokratisch. Und wo immer es machbar ist, setze ich auf Kulanz, anstatt starre, aufwändige Regeln zu befolgen. Mein oberstes Ziel ist, dass jeder Kunde zufrieden mit der Behandlung ist, die wir ihm zukommen lassen, auch wenn er vielleicht nicht das bekommt, was er möchte.

TIPP *Werden Sie sich bewusst, dass die Messlatte für andere selten auf 100 Prozent liegt. Fragen Sie sich, was Ihr Gegenüber braucht, um zufrieden zu sein. Das erlaubt es Ihnen, Ihre Ansprüche so auszurichten, dass Aufwand und Ertrag in einem guten Verhältnis stehen.*

Rollenwechsel werden planmäßig vollzogen

Rollenwechsel mag der Reformer zwar nicht besonders, sie werden aber planmäßig vollzogen, wenn er sie als notwendig erachtet und sich zuständig fühlt – und das ist oft der Fall. Rollenkonflikte können entstehen, wenn der Reformer mit seinem Sinn für Verbesserungspotenziale in fremdem Revier wildert. Normalerweise vermeidet er ein solches Vorgehen. Aber eine Frage um Rat kann sein Verantwortungsgefühl und sein ausgeprägtes Ohr für Appelle so ansprechen, dass er nicht nur eine Antwort gibt, sondern gleich einen Umsetzungsplan mitliefert und anpackt. Oft passiert es dem Reformer auch, dass er Aufgaben, die er eigentlich an Mitarbeiter delegieren müsste, selbst ausführt, nur um sicher zu sein, dass es „richtig" gemacht wurde. Dies kann bei den Mitarbeitern zu Irritationen führen, was von ihnen erwartet wird und was ihre Zuständigkeiten betrifft.

Im Bestreben, alles perfekt zu machen, neigt der Reformer zu Rollenüberschreitungen

Reformorientierte Strategen mit glühendem Eifer und langem Atem

Der Reformer ist ständig bemüht, sich selbst und andere, für die er Verantwortung trägt, zu verbessern. Stellt er Mängel fest, entwickelt er einen detaillierten Plan und arbeitet ihn Punkt für Punkt ab. Er versucht eifrig, auf eine vollkommene Zukunft hinzuwirken, und verfolgt seine Ziele mit langem Atem. Stellen sich Hindernisse in den Weg, neigt er aber auch

Konsequente Arbeit an einer vollkommenen Zukunft

zu Ungeduld. Außerdem sollte er die Kommunikation mit den Betroffenen und deren Einbeziehung in die Planungs- und Entscheidungsprozesse verbessern.

> **Gunhild, 52, Unternehmerin:** Ich mache mir immer Sorgen um die Zukunft und habe Angst, die falsche Entscheidung zu treffen. Wenn ich einen Wunsch frei hätte, dann wäre ich gern hellsichtig. Dann wäre das Thema erledigt. Aber wahrscheinlich wäre mir das auch recht schnell langweilig. Viel besser wäre es wahrscheinlich, gelassener, offener und kommunikativer zu werden. Und mehr auf mich selbst zu hören und das zu tun, was mir in diesem Moment guttut, ganz ohne Vorausplanung.

 **Tipp** *Legen Sie den Fokus mehr auf eine lebenswerte und sinnvolle Gegenwart als auf eine perfekte Zukunft.*

Im Konfliktfall: trotz innerer Hochspannung stets um Korrektheit bemüht

Konflikte sind für den Reformer ein sensibles Thema, denn sie bedeuten, dass irgendwo ein Fehler unterlaufen ist. Innerlich prüft er sofort: *„Was habe ich falsch gemacht?"* Das wäre schlimm für ihn, denn gerade auf Fehlervermeidung ist sein Autopilot ja geeicht. In diesem Fall geht er mit klopfendem Herzen in den Bereinigungsprozess. Es kann sogar passieren, dass er ausweicht, weil die Angst vor einem Gesichtsverlust zu groß ist. Dennoch wird er versuchen, seinen Fehler irgendwie diskret wieder auszumerzen, wenn dies möglich ist.

Starke Angst vor Gesichtsverlust

Ist er nicht selbst Konfliktpartei, fühlt sich in seiner Führungsrolle aber für die Klärung zuständig, bemüht er sich um eine sachliche Klärung und eine objektive Wertung des Vorfalls. Er versucht, emotionale Entgleisungen zu vermeiden. Dabei kommt ihm seine Prinzipien- und Regeltreue zugute.

Im Umgang mit Kritik zeigt sich besonders deutlich, wo die Achillesferse des Reformers liegt: Ausgerechnet das Profil, das am stärksten auf das Senden von Kritik ausgerichtet ist, tut sich am schwersten, Kritik einzustecken. Schon eine kleine Kritik kann großes Gewicht bekommen und als Infragestellen der ganzen Person empfunden werden.

Geringe Kritikfähigkeit

Guter Krisenmanager Als Krisenmanager beweist der Reformer großes Talent, wenn er nicht zu nah am Geschehen dran ist. Wenn er selbst nicht zupacken kann, konzentriert er sich auf den „roten Faden", der aus der Krise führt. Dabei zeigt sich, dass sein Gespür für „den richtigen Weg in eine bessere Zukunft" für das Unternehmen ein großes Kapital sein kann.

> **BERND, 40, TRAINER UND UNTERNEHMENSBERATER:** Letztes Jahr habe ich für die Manager einer global tätigen Firma ein großes Outdoor-Training in den Bergen durchgeführt. Ich hatte die ganze Koordination in Händen und ein Team von kompetenten Kollegen zusammengetrommelt. Bereits am ersten Tag wurde ich nach einem Unfall mit Verdacht auf Bandscheibenvorfall in die Klinik eingeliefert. Ich musste dann alles meinen Kollegen überlassen. Die Sorge um das Gelingen der Veranstaltung hat mich mehr gequält als der körperliche Schmerz. Aber mir blieb keine Wahl: Ein wenig habe ich noch vom Telefon aus gemanagt und „meine Jungs" haben das dann toll hingekriegt. Der Kunde war begeistert und ein Folgeauftrag ist schon sicher.

TIPP *Lernen Sie zu delegieren und glauben Sie nicht immer, dass nur Sie allein das hinkriegen. Sie neigen tendenziell dazu, anderen mit Ihrem Engagement zu wenig Raum zu lassen.*

Nicht-konformes Verhalten als Herausforderung begreifen

Mitarbeiter, die sich nicht-konform verhalten, sind für kein Profil eine so große Herausforderung wie für den Reformer. Da hält sich jemand nicht an die Regeln und blockiert andere dabei, ihre Pflichten zu erfüllen – eine Unmöglichkeit aus der Sicht des Reformers. Als Führungskraft schreitet er hier meist energisch ein, ermahnt, belehrt und versucht zu disziplinieren. Es ist für ihn besonders wichtig zu begreifen, dass nicht-

Nicht-konformes Verhalten kann auf verborgene Systemfehler hinweisen konformes Verhalten auch eine positive Absicht verfolgt und auf einen „verborgenen Systemfehler" hinweisen kann, dem mit Disziplinierungsversuchen nicht beizukommen ist.

> **ARIANE, 46, LEITERIN DES BLUTSPENDEDIENSTES:** Früher habe ich nicht-konformes Verhalten sehr schnell persönlich

genommen und geglaubt, da will jemand ausschließlich meine Autorität untergraben. Unser damaliger Chefbuchhalter zum Beispiel, ein Sechser-Skeptiker, wie ich heute weiß. Ich hatte das Gefühl, der hat mich auf dem Kieker und schmeißt mir ständig Knüppel zwischen die Beine. Es ist mir schwergefallen, auf ihn zuzugehen. Wie sich herausstellte, hatte er sich bei der Entscheidung für ein neues Qualitätssicherungssystem mit seinen Bedenken übergangen gefühlt und war immer noch der Meinung, die aktuellen Probleme seien primär darauf zurückzuführen. Wir konnten das dann klären – in einem mühsamen Prozess, Punkt für Punkt. Jetzt ist unser Verhältnis viel entspannter.

TIPP *Stellen Sie explizit die Frage nach der positiven Absicht bei dem Verhalten, das Sie stört. Achten Sie aber darauf, dass Sie deutlich zum Ausdruck bringen, dass Sie damit ein Problem haben, und nicht, dass der andere das Problem ist.*

Taktieren nur in höherer Mission

Die Frage, ob etwas ethisch-moralisch vertretbar ist, ist Reformern auch in der Führungsverantwortung immer präsent. Politisches Taktieren und Wendemanöver haben für sie auch immer etwas Anrüchiges und der Reformer greift meist nur zu diesen Mitteln, weil alle anderen es auch tun – und dann nicht um seiner selbst willen oder dem Team zuliebe, sondern um einem „höheren" Auftrag zu dienen. Der Reformer braucht vor sich selbst die „Erlaubnis", mit dem Taktieren dem Überleben des gesamten Unternehmens oder dem Erhalt seiner Marktführerschaft gedient zu haben. Hat er seine Skrupel aber einmal überwunden, beweist er durchaus Wendigkeit und Geschick bei der Verfolgung seiner Ziele.

Politisches Taktieren und Wendemanöver sind dem Reformer suspekt

GUNHILD, 52, UNTERNEHMERIN: Bemühen um Korrektheit ist mir immer noch wichtig. Aber früher habe ich es damit oft zu weit getrieben. Ich bin konsequent bei einer Meinung oder Haltung geblieben, wenn ich einmal Position bezogen hatte. Durch meine übertrieben hohen ethisch-moralischen Ansprüche ist mir mancher Auftrag durch die

Lappen gegangen. Die Verantwortung, die ich für meine Leute trage, hat meine Fronten aufgeweicht und ich taktiere heute mit mehr Selbstverständlichkeit. Es ist mir aber immer noch sehr wichtig, anderen damit nicht zu schaden.

TIPP *Wenn sie der glühende Eifer gepackt hat, schießen Reformer in ihrer kategorischen Art oft über das Ziel hinaus. Das führt zur Überhöhung vieler Dinge und zu Inflexibilität und Kompromisslosigkeit. Sich auf politisches Taktieren einzulassen, legt den Fokus mehr auf die Gegenwart mit ihren Möglichkeiten statt auf das Zukunftsideal.*

Die sieben Kriterien für soziale Kompetenz im Überblick

Kriterien für soziale Kompetenz	Entwicklungspotenziale	Was für den Reformer konkret zu lernen ist
Empathie-Fähigkeit	⚠	Lassen Sie sich durch Dinge, die Sie an anderen stören, nicht davon abhalten, mitzuempfinden. Fragen Sie sich, wie Sie selbst fühlen würden, wenn Sie dieses Verhalten hätten.
Fähigkeit zum Perspektivwechsel	☐	Fragen Sie sich, was andere brauchen, um mit der Situation zufrieden zu sein.
Fähigkeit zum Rollenwechsel	⚠	Lernen Sie, in ungeliebten Rollen etwas für Ihr Wohlbefinden zu tun.
Lösungsorientierung und strategische Ausrichtung	☐	Streben Sie nach mehr Lebensqualität statt nach mehr Perfektion.
Konfliktfähigkeit, Kritikfähigkeit und Krisenfestigkeit	⚠⚠	Werden Sie fehlertoleranter und behalten Sie das, was gut funktioniert, im Blick.
Einbindung nichtkonformer Mitarbeiter	⚠⚠	Das Forschen nach der positiven Absicht hinter störendem Verhalten ermöglicht es Ihnen, entspannter mit der Situation umzugehen und Eskalationen entgegenzuwirken.

Sich und das eigene Team taktisch klug im System positionieren	⚠	Überwinden Sie Ihre Abneigung gegen politisches Taktieren. Manchmal ist Taktieren der geeignete Weg zum Ziel. Sie müssen Ihre „höheren" Ziele dafür ja nicht aufgeben.

☐   Exzellente Grundlagen sind vorhanden. Achten Sie jedoch darauf, dass Sie es nicht übertreiben, sonst schlagen Ihre Stärken ins Gegenteil um und Sie richten Schaden an (siehe Kap. 1.6).

⚠   Gute Grundlagen sind vorhanden. Es lohnt sich, sie weiter auszubauen.

⚠⚠   Hier besteht noch großes Entwicklungspotenzial. Aber Achtung: Hier gibt es nichts geschenkt, denn Sie arbeiten gegen Ihren Autopiloten.

3.2 Persönlichkeitsprofil Zwei: Der Unterstützer im Führungs-Check der sozialen Kompetenz

Helfer – Fürsorglicher – Beziehungsmanager – Mr. Unentbehrlich

Lesen Sie zu diesem Persönlichkeitsprofil auch den Steckbrief auf Seite 58/59.

Führen aus der zweiten Reihe

Menschen mit dem Persönlichkeitsprofil Zwei machen gern dort Karriere, wo das Zwischenmenschliche einen hohen Stellenwert hat. Familienunternehmen, Firmenneugründungen oder der Nonprofitbereich sind dabei besonders attraktiv.

Das Zwischenmenschliche hat einen hohen Stellenwert

Es ist jedoch eher selten, dass Unterstützer durch starke Karriereambitionen auffallen oder sich mit Ellenbogen nach oben durchboxen. Sie engagieren sich lieber für andere und haben ein natürliches Faible für die zweite Reihe. Im Windschatten oder Kielwasser von bewunderten Leitpersönlichkeiten, z.B. als persönliche Assistenten oder Sekretäre, fühlen sie sich besonders wohl und laufen in dienender Funktion zu Höchstform auf. Der Unterstützer ahnt als perfekter Erfüller von Bedürfnissen viele Dinge bereits im Voraus und hält der Leitung in jeder Hinsicht den Rücken frei. Dabei ist er auch bereit, selbst Führungsverantwortung zu übernehmen.

Natürliches Faible für die zweite Reihe

Unterstützer sind oft
„graue Eminenzen"

Aber auch ohne expliziten Führungsauftrag lenken und dirigieren Menschen mit diesem Profil vieles in der Organisation. Oft haben sie nach einigen Jahren den Ruf einer „grauen Eminenz" erworben. Selbst an vorderster Front zu agieren ist für sie zwar möglich, aber unangenehm, denn dort ist man schutzlos Angriffen ausgeliefert und muss die Verantwortung ganz allein tragen. Hier muss der Unterstützer viel lernen.

Ein Karrierebeispiel aus dem Nonprofitbereich

ALEXANDER, 44: Ich habe Jura studiert, anschließend in Umweltrecht promoviert und bin so zu meinem ersten Job als Geschäftsführer einer regionalen Umweltorganisation gekommen. Der damalige Präsident, der mich eingestellt hatte, war ebenfalls Jurist. Er war Partner in einer renommierten Kanzlei für Wirtschafts- und Steuerrecht. Uns verband spontan eine große Sympathie, obwohl wir total verschieden sind. In den fünf Jahren unserer Zusammenarbeit waren wir ein Super-Team und es gelang uns, das Aufkommen an Spenden und projektbezogenen Geldern zu vervierfachen. Der Personalbestand verdoppelte sich von 15 auf 30 Mitarbeiter. Ich habe alle persönlich ausgewählt.

Als mein Chef dann als Leiter des juristischen Dienstes in einen deutschen Medienkonzern wechselte und sein Ehrenamt aufgeben musste, war ich ziemlich frustriert. Aber ich hatte Glück im Unglück. Seine Nachfolgerin war auch ein sehr angenehmer Mensch. Die Zusammenarbeit war zwar nicht mehr so eng wie mit ihm – ich habe meinen Chef oft blind verstanden und das war auch irgendwie eine Freundschaft –, aber ich konnte nicht meckern, auch die sechs Jahre mit ihr waren tipptopp.

Im vergangenen Jahr hat mich mein Ex-Chef angerufen – der Kontakt ist nie abgerissen – und mich gefragt, ob ich Lust hätte, Geschäftsführer einer neuen konzerneigenen Umweltstiftung zu werden. Ich müsste mich zwar im regulären Verfahren bewerben, aber er würde in der Auswahlkommission sitzen und meine Chancen stünden sicher nicht schlecht. Also habe ich mich beworben und den Job im zweiten Anlauf auch gekriegt, weil der Top-Kandidat sich im letzten Moment doch für eine Professur entschieden hat.

Es ist ein tolles Gefühl, wieder mit meinem alten Chef zusammenzuarbeiten und hinter den Kulissen Einfluss auf die sinnvolle Verteilung von Millionenbeträgen zu nehmen. Davon habe ich immer geträumt.
Meine beruflichen Perspektiven? Keine Ahnung – aber für mich ist immer wichtiger, mit wem oder für wen ich etwas mache, als was ich tue.

Authentisch führen aus der Sicht des Unterstützers

Authentisch führen aus der Sicht des Unterstützers heißt vor allem menschlich führen. Menschen haben Bedürfnisse und Nöte. Und darauf sind Führungskräfte mit dem Profil Zwei geeicht. Führen heißt: *„Ich bin da für meine Leute und übernehme Verantwortung für das Team und jeden Einzelnen."* Der Unterstützer nimmt emotional stark Anteil am Leben seiner Mitarbeiter und praktiziert einen familiären Führungsstil. Er meidet unnötige Härten und spart nicht mit Lob und Anerkennung.

Anspruch, menschlich zu führen

Praktiziert einen familiären Führungsstil

Er differenziert dabei aber wenig zwischen Lob für konkrete Leistungen und Lob aus persönlicher Sympathie. Bei der Auswahl von Personal spielt der Faktor Sympathie immer eine entscheidende Rolle, meist hat er ein stärkeres Gewicht als der Faktor fachliche Qualifikation. Mit den harten Seiten des Führens, die einsam machen, wie Tadeln, Abmahnen oder Entlassen, tut sich der Unterstützer schwer, denn dies kann Sympathieverlust und persönliche Distanz bedeuten.

Sympathie spielt eine stärkere Rolle als Qualifikation

Empathie-Talent mit Reserven

Menschen mit dem Profil Zwei verfügen über ein von Natur aus hohes Einfühlungsvermögen. Allerdings sind drei Einschränkungen zu machen: Zum einen ist ein Sympathiefilter vorgeschaltet. Mag der Unterstützer den anderen, läuft seine Empathiefähigkeit zur Höchstform auf, bei Antipathie geht sie in den „Standby-Betrieb". Zweitens liegt der Empathie-Fokus auf den Bedürfnissen, Wünschen oder Nöten des Gegenübers. Andere Gedanken oder Gefühle werden weniger scharf wahrgenommen. Drittens hat der Unterstützer keine gute Wahrnehmung für seine Außenwirkung. Wenn er das Gegenüber mag, neigt er dazu, ungefragt Grenzen zu überschreiten und sich aufzudrängen. Signalisiert der andere jedoch: *„Mit mir ist alles in Ordnung – ich brauche keine Hilfe!"*, wird dies als persön-

Hohes Einfühlungsvermögen

Der Unterstützer muss lernen, die Autonomie des Gegenübers zu respektieren

liche Zurücksetzung empfunden. Die hohe Empathiefähigkeit kann erst ganz zur Entfaltung kommen, wenn der Unterstützer gelernt hat, die Autonomie des Gegenübers zu respektieren und davon auszugehen, dass dieser fähig ist, selbst gut für sich zu sorgen. Die Einsicht *„Vielleicht brauchst du mich weniger als ich dich"* ist dafür eine gute Voraussetzung.

> DUNJA, 50, REDAKTIONSLEITERIN: Es war schon erschreckend, zu erkennen, wie sehr ich mit meiner Aufmerksamkeit beim Empfinden anderer bin – egal ob Chefs, Mitarbeiter, Kunden, Dienstleister, Familienangehörige oder Freunde – und wie wenig bei mir selbst. Und das zweite Erschrecken kam mit der Einsicht, dass ich dabei selektiv bin, manche bevorzuge und andere benachteilige. Als Führungskraft kann es riskant sein, seine Lieblinge zu haben. Das macht angreifbar. Und es ist ungerecht.

TIPP *So verrückt es klingen mag: Werden Sie empathischer mit sich selbst. Entdecken Sie Ihre eigene Bedürftigkeit und Ihre Abhängigkeit vom Wohlwollen anderer. Das schärft Ihre Empathiefähigkeit in Bezug auf andere (nicht nur Bedürftige) und fokussiert sie auf das Wesentliche und Notwendige.*

Exzellenz in der Erfüllung von Bedürfnissen

Die Fähigkeit zum Perspektivwechsel hat der Unterstützer von Natur aus ebenfalls hoch entwickelt. Er tut dies aktiv, um dem anderen zu helfen oder ihn zu unterstützen. Diese Fähigkeit gehört zu seinen größten Stärken und es bedarf dazu keiner Anstrengung. Eingeschränkt wird dies aber durch seine Abhängigkeit von einer positiven Gegenreaktion – was ihm selbst oft gar nicht bewusst ist und dadurch zur Manipulationsfalle werden kann. Zudem übt der Unterstützer subtil Druck aus, dass sein Vorschlag umgesetzt wird. Entscheidet sich das Gegenüber für etwas anderes, ist eine negative (trotzige oder beleidigte) Gegenreaktion sehr wahrscheinlich.

Hohe Abhängigkeit von einer positiven Gegenreaktion anderer

> ANTONIA, 39, KLINIKMANAGERIN: Tendenziell konnte ich schon immer die Perspektive anderer gut – fast zu gut –

verstehen. Jemanden leiden zu sehen und nichts zu tun, das war für mich fast unmöglich. Ich habe mich dann im Helfen fast völlig aufgegeben. Heute achte ich darauf, dies nicht mehr zu tun. Bevor ich agiere, frage ich mich nun: *„Und was ist mir gerade wichtig? Kann das warten? Oder sollte sich da besser jemand anderer kümmern?"* Und immer öfter bleibe ich dann bei meiner Sache – mit gutem Gewissen. Und bevor ich mich doch für das Helfen entscheide, frage ich nach, ob mein Gegenüber überhaupt Hilfe von mir haben möchte.

TIPP *Wenn Sie anderen Hilfsangebote oder Lösungsvorschläge machen, geben Sie sich vorher die Erlaubnis, dass der andere auch Nein sagen und sich für etwas anderes entscheiden darf. Glauben Sie an die Fähigkeit im Gegenüber, sich selbst zu helfen; leisten Sie nur Hilfe zur Selbsthilfe. So können Sie besser bei sich selbst bleiben, anstatt sich in die Abhängigkeit von seiner Reaktion zu begeben.*

Klares Rollenbewusstsein führt zu mehr Standfestigkeit

Mehrere Rollen nebeneinander zu erfüllen fällt dem Unterstützer leicht, es ist quasi ein Nebenprodukt seines guten Einfühlungsvermögens. Da er personen- und beziehungsorientiert ist, merkt er oft jedoch nicht, wenn er die Rollen wechselt, vom weisungsbefugten Chef zum kollegialen Berater wird – oder umgekehrt. Für ihn ist es sehr wichtig, die Wahrnehmung dafür zu schärfen, welche Rolle er gerade ausfüllt und was diese Rolle erfordert. Auf manche gut gemeinten Dinge sollte der Unterstützer zuweilen verzichten.

Da er personenorientiert agiert, merkt der Unterstützer oft nicht, wenn er die Rollen wechselt

Manchmal muss man konsequent sein, auch wenn persönliche oder soziale Härten vorliegen, wie in folgendem Beispiel: *„Ich weiß, dass deine familiäre Situation im Moment sehr belastend ist, aber in meiner Aufgabe als Abteilungsleiter muss ich einen reibungslosen Ablauf der Produktion sicherstellen und dir aufgrund der vorgefallenen Versäumnisse vorläufig die Schichtleitung entziehen."*

ANTONIA, 39, KLINIKMANAGERIN: Wenn man sich als Unterstützer weiterentwickelt, hat das für die Umwelt seinen

Preis: Ich bin in der Sache härter, standfester und konsequenter geworden – wenn es sein muss. Ich kann viel besser damit umgehen, wenn Aggressionen auf mich gerichtet werden. Aber es ist schon komisch, je mehr ich auf mich achte, desto seltener komme ich in unangenehme Situationen.

TIPP *Harmonie spielt für die Zwei eine (oft zu) bedeutende Rolle. Gestehen Sie sich Ecken und Kanten zu und vor allem eine klare eigene Meinung, die anderen nicht gefallen muss. Die Zwei weiß immer, was gut für andere wäre. Das ist in Ordnung, aber fangen Sie bei sich an. Was ist für Sie selbst wichtig und richtig?*

Die Abhängigkeit vom Wohlwollen anderer kann zur Falle werden

Der Unterstützer ist stark davon abhängig, gemocht zu werden, und tut denen, die er mag, ungern weh. Ist seine Stellung in der Organisation gesichert und genießt er das Vertrauen seines Teams, ist er konfliktfähig, kann Kritik aushalten und auch fair austeilen. Er meistert auch Krisen mit Bravour.

Fehlt der emotionale Rückhalt, gerät der Unterstützer schnell ins Schlingern

Fehlt ihm jedoch der Rückhalt, gerät er schnell ins Schlingern und macht Fehler. Dann braucht er Unterstützung von außen, klärende Gespräche mit der Führung oder professionelle Begleitung durch externe Experten.

Eine wichtige Baustelle für den Unterstützer ist die faire Behandlung von Mitarbeitern, die ihm nicht sympathisch sind. Er neigt zur Ungleichbehandlung, ist sich dessen oft aber gar nicht bewusst. Ein strukturiertes Vorgehen bei Kritikgesprächen ist sehr zu empfehlen.

ALEXANDER, 44, STIFTUNGSMANAGER: In meinem früheren Job hatten wir eine handfeste Krise. Ein Projekt, für das ich die Verantwortung trug, stand auf des Messers Schneide, weil es Streit unter den Partnern gab. Ich habe das kommen sehen, aber zu spät gehandelt. Mir ging wahnsinnig die Düse. In einer Sitzung kam es zum Eklat.

Nur durch die Rückendeckung meines Chefs war ich in der Lage, das Richtige zu tun. Wir mussten uns von einem Partner trennen und einen neuen suchen, der bereit war, sich in diesem fortgeschrittenen Stadium noch zu beteiligen. Dabei half mir mein Chef und der neue Partner brauchte und bekam meine besondere Unterstützung, um mit den anderen gleichziehen zu können. Letztendlich hat alles wunderbar geklappt und das Projekt wurde zu einem Erfolg.

TIPP *Lernen Sie, sachlicher mit Kritik umzugehen, sie als Hilfsmittel zu sehen, um voranzukommen, Fehler auszuschalten und besser zu werden.*

Nicht-konforme Mitarbeiter als Lehrmeister

Verhalten sich Mitarbeiter nicht konform, nehmen Führungskräfte mit dem Profil Zwei dies in der Regel sehr schnell wahr. Statt nun zu fragen, wo ist vielleicht ein Fehler im System, der dieses Verhalten hervorruft, neigen sie dazu, dies persönlich zu nehmen. Bei den Konsequenzen, die gezogen werden, spielt die Sympathiefrage wieder eine große Rolle.

Bei Sympathie wird alles versucht, um die Gründe für das nicht-konforme Verhalten herauszufinden und eine Wiedereinbindung zu erwirken. Bei Antipathie neigt der Unterstützer eher zu Ausgrenzung und Abstrafung. Besonders schwer hat er es mit nicht-konformem Verhalten aus Prinzip. Mit Menschen, die immer nur Bedenken äußern oder quertreiben, hält er es auf Dauer nicht aus.

Mitarbeiter, die er nicht mag, grenzt der Unterstützer eher aus

DUNJA, 50, REDAKTIONSLEITERIN: Als ich meine Stelle antrat, habe ich einen Mitarbeiter „geerbt", den ich spontan nicht mochte und er mich auch nicht. Er war schon 30 Jahre bei der Zeitung und unkündbar. Am Anfang habe ich mich furchtbar angestrengt, um ihn dennoch für mich zu gewinnen. Ohne Erfolg. Er blieb abweisend, übellaunig und oft zynisch. Der einzige Kommentar: *„Er habe Probleme mit meinem Führungsstil."*
Jetzt achte ich bei ihm (und auch bei anderen) vor allem auf die Leistung und die ist in Ordnung. Seitdem herrscht so etwas wie Burgfrieden. Mehr will ich gar nicht. Er hat

sich neulich in der Teamsitzung sogar indirekt positiv über mich geäußert: *„Ich finde es gut, dass Leistung bei uns wieder mehr beachtet und honoriert wird."*

TIPP *Grenzen Sie nicht-konforme Mitglieder nicht aus, sondern gehen Sie auf sie zu. Vielleicht weisen diese Sie mit ihrem Verhalten auf ein Führungsversäumnis hin. Zeigen Sie Interesse und ehrliches Bemühen, die positive Absicht zu ergründen. Fragen Sie konkret nach, wenn Sie das Gefühl haben, nicht-konformes Verhalten gilt Ihnen persönlich und nicht der Sache.*

Versetzt Berge für ihre Leute

Tauchen Probleme auf, die das Team betreffen, setzt der Unterstützer alle Hebel in Bewegung, um eine Lösung zu finden, denn er will, dass es seinen Mitarbeitern gut geht. Bei der Lösung von Problemen, die nur ihn selbst betreffen, tut er sich erheblich schwerer. Ähnlich sieht es bei der Zukunftsgestaltung aus: Der Unterstützer braucht jemanden, der an ihn glaubt und der ihn braucht, dann beweist er sich als weitsichtiger und strategisch klug agierender Zukunftsgestalter.

Der Blick ist oft zu sehr ins Team gerichtet und zu wenig nach außen

Um sich und das Team optimal in der Organisation zu positionieren, braucht es jedoch auch taktische Fähigkeiten und den Mut zur gesunden Selbstbehauptung. Beides gehört nicht unbedingt zu den natürlichen Stärken des Unterstützers. Der Blick ist oft zu sehr ins Team gerichtet und zu wenig nach außen. Und es fehlt an Abstand und nüchterner Betrachtung des eigenen Wirkens und der großen Zusammenhänge. Das geht meist zulasten einer klaren, verlässlichen Linie, an der sich die Mitarbeiter orientieren können. Wenn der Unterstützer jedoch über ein gutes Team verfügt, für das er sich verantwortlich fühlt und von dem er Feed-back annimmt, kann er diese Fähigkeiten in beachtlichem Maße entwickeln – nicht für sich selbst, sondern in erster Linie für „seine" Leute.

DUNJA, 50, REDAKTIONSLEITERIN: Ich hatte vor fünf Jahren das Gefühl, dass die Verlagsleitung mit dem Gedanken spielte, unsere Sparte, die immer an der Grenze der Rentabilität dümpelte – was aber angesichts der Konkurrenz als beachtlicher Erfolg zu werten ist – abzustoßen. Also habe ich eine Initiative ergriffen zu wachsen, und zwar um ein Marktsegment mit Zukunftspotenzial.

Wir haben einen kleinen Verlag aufgekauft, der in diesem Segment eine Alleinstellungsposition hatte. Ich habe so tolle Mitarbeiter, die ich größtenteils selbst ausgesucht habe. Ich war ihnen das irgendwie schuldig und bin froh, dass mein Instinkt mich damals nicht getrogen hat. Aber es war sehr schwer, das alles mit mir allein auszumachen. Ich konnte monatelang niemanden ins Vertrauen ziehen, obwohl ich mir das sehr gewünscht hätte.

TIPP *Damit Sie mit der Einsamkeit der Führungsrolle besser klarkommen, sollten Sie besonders auf Ihre Work-Life-Balance achten. Pflegen Sie Ihre Talente und Hobbys außerhalb der Arbeit und nutzen Sie dies als Kraftquelle. Ihr Team wird es Ihnen danken.*

Die sieben Kriterien für soziale Kompetenz im Überblick

Kriterien für soziale Kompetenz	Entwicklungspotenziale	Was für den Unterstützer konkret zu lernen ist
Empathie-Fähigkeit	☐	Entwickeln Sie mehr Empathie gegenüber Menschen, die Ihnen nicht sympathisch sind.
Fähigkeit zum Perspektivwechsel	☐	Halten Sie immer den Kontakt zu Ihrer eigenen Position und üben Sie sich im Perspektivwechsel mit funktionalen Einheiten.
Fähigkeit zum Rollenwechsel	⚠	Machen Sie sich immer bewusst, welche Rolle Sie gerade ausüben und welche Anforderungen zu erfüllen sind, auch wenn dies dem Gegenüber nicht gefällt.
Lösungsorientierung und strategische Ausrichtung	⚠	Betrachten Sie das Gesamtgeschehen mit mehr Abstand und Sachlichkeit, in Ruhe und unter Berücksichtigung aller relevanten Fakten.

Konfliktfähigkeit, Kritikfähigkeit und Krisenfestigkeit	⚠⚠	Werden Sie unabhängiger vom Wohlwollen anderer, ob Chefs, Kollegen oder Mitarbeiter. Lernen Sie einzustecken. Die beste Voraussetzung ist, für sich selbst gut zu sorgen. Tun Sie etwas für die Erfüllung Ihrer eigenen Bedürfnisse.
Einbindung nicht-konformer Mitarbeiter	⚠	Nutzen Sie nicht-konforme Mitarbeiter als Lehrmeister. Sie können Ihnen wertvolle Informationen über Ihre Fehler und Systemfehler liefern.
Sich und das eigene Team taktisch klug im System positionieren	⚠⚠	Verhalten Sie sich taktisch geschickter und tragen Sie Ihr Herz nicht allzu stark auf der Zunge. Werden Sie resistenter gegen Schmeicheleien.

☐ Exzellente Grundlagen sind vorhanden. Achten Sie jedoch darauf, dass Sie es nicht übertreiben, sonst schlagen Ihre Stärken ins Gegenteil um und Sie richten Schaden an (siehe Kap. 1.6).

⚠ Gute Grundlagen sind vorhanden. Es lohnt sich, sie weiter auszubauen.

⚠⚠ Hier besteht noch großes Entwicklungspotenzial. Aber Achtung: Hier gibt es nichts geschenkt, denn Sie arbeiten gegen Ihren Autopiloten.

3.3 Persönlichkeitsprofil Drei: Der Erfolgsmensch im Führungs-Check der sozialen Kompetenz

Zielorientierter – Siegertyp – Verkäufer – Mr. Top Performance

Lesen Sie zu diesem Persönlichkeitsprofil auch den Steckbrief auf Seite 60/61.

Führung ist Ergebnis eigenen Selbstvertrauens und Mittel zum Zweck

Menschen mit dem Persönlichkeitsprofil Drei streben nach Führungsverantwortung

Menschen mit dem Persönlichkeitsprofil Drei streben nach Führungsverantwortung. Sie arbeiten dafür, den Respekt ihrer Kollegen, Mitarbeiter und Chefs zu erlangen, und möchten Wertschätzung für ihre Leistung erfahren. Sie haben ein hohes Selbstvertrauen, ein Gespür für Situationen, die Erfolg versprechen, und meist auch ein sicheres Auftreten mit charismatischer Ausstrahlung.

Sie wollen nach oben und das auf schnellstem Weg. Von daher ist es ganz normal, dass sie bei der Besetzung von Führungspositionen sofort in Betracht gezogen werden. Sie setzen sich Ziele, verfolgen diese hartnäckig und geben erst Ruhe, wenn sie erreicht sind. Der Erfolgsmensch hat eine unglaublich schnelle Auffassungsgabe. Wenn andere Führungskräfte noch Ideen diskutieren und Risiken erörtern, hat er schon einen Aktionsplan aufgestellt, erste Strukturen skizziert und die Mitarbeiter eingewiesen, was es jetzt zu tun gibt. Das bringt in der Regel schnelle Erfolge.

Das klingt nach der idealen Führungskraft. Manchmal ist der Erfolgsmensch jedoch vom Erfolg seiner Arbeit oder seines Projekts so „besessen", dass er Warnungen, wo etwas schiefgehen könnte, nicht mehr wahrnimmt und mit dem Kopf durch die Wand will.

Manchmal will der Erfolgsmensch mit dem Kopf durch die Wand

Ein Karrierebeispiel aus dem Profit- und Nonprofitbereich

REGINA, 45, HEUTE KÜNSTLERIN: Nach dem Abitur habe ich ein Jahr als „Au-pair" in Florenz gelebt. Dann war mir klar: Ich will Sprachen lernen. Während des Studiums in Frankreich hatte ich die Idee, in Südfrankreich eine Sprachschule zu gründen. Nach dem Studium habe ich dann aber einen ganz anderen Weg eingeschlagen und mich in meinen Anstellungen betriebswirtschaftlich fortgebildet.

Ich machte eine für eine Geisteswissenschaftlerin „steile" Karriere bis zur Geschäftsführerin und zum Vorstandsmitglied. In allen Führungspositionen war mir der Erfolg sehr wichtig – zugegebenermaßen auch die damit verbundenen Statussymbole, wie ein großer Firmenwagen. Profit war immer wichtiger als Umsatz, daher habe ich viele Entscheidungen getroffen, die Arbeitsplätze gekostet haben.

Als Business-Frau gab es für mich keine Alternative, als Mensch ist mir dies oft nicht leichtgefallen. Zur Entspannung und gegen die Rückenschmerzen begann ich, Yoga zu machen – ein wichtiger Schritt in meinem Leben. Ich konnte mich mit dem, was ich beruflich machte, nicht mehr identifizieren. Ich musste mich entscheiden: entweder weiter Yoga machen und dann einen anderen Job suchen oder mit Yoga aufhören. Der Zugang zu anderen Werten, die mir im Leben wichtig sind, war geöffnet. Damals war ich am Gipfel meiner Karriere angelangt und mit allen Insignien der Macht ausgestattet. Die Erfolge haben mir geschmeichelt und doch war mir die Verantwortung manchmal zu groß.

Ich habe dann die Arbeitsstelle gewechselt und bin dort gelandet, wo ich hin musste: beim Misserfolg! Zum Ende der Probezeit bekam ich die Kündigung oder den Tritt vom Schicksal, endlich das zu tun, was ich möchte.

Jetzt bin ich Künstlerin und unterrichte Fremdsprachen. Ich bin mein eigener Chef – was zwar schön, aber für eine Drei gar nicht so einfach ist.

Authentisch führen aus der Sicht des Erfolgsmenschen

Aufgaben, Projekte und Organisationen zum Erfolg führen und sich ganz mit ihnen zu identifizieren, ist für eine Führungskraft mit dem Profil Drei authentisch. Sie geht in der Arbeit auf. Sie arbeitet gern auf einem Niveau, wo sie alles geben muss, umgekehrt aber auch alles von anderen verlangt. Sie bearbeitet mehrere Dinge gleichzeitig und zeigt nach außen immer Klarheit und Struktur. Dabei ist die Vorgehensweise sehr pragmatisch. Wenn sich ein Misserfolg oder Scheitern andeutet, sattelt sie sofort um. Der Erfolgsmensch hat immer einen Plan B in der Hinterhand.

Immer einen Plan B in der Hinterhand

Einen Misserfolg oder das vollständige Scheitern einzugestehen, ist der blinde Fleck des Erfolgsmenschen. Solch eine Situation gilt es um jeden Preis zu vermeiden, denn er hat Angst, das Gesicht zu verlieren, wenn er scheitert. Wettbewerb hingegen spornt ihn an, ob nach innen um Führungspositionen oder nach außen um Erfolge. Erfolgsmenschen sind entscheidungsfreudig und übernehmen gerne Verantwortung. Das Abhaken einer Aufgabe auf der umfangreichen „To-do-Liste" gibt Befriedigung. Eine gewisse Selbstdarstellung gehört zum Geschäft. Informationen, die ihre Leistung nicht gut aussehen lassen, werden ausgeblendet.

Eine gewisse Selbstdarstellung gehört zum Geschäft

Dieses Verhalten wird von Mitarbeitern unter Umständen bereits als Täuschung wahrgenommen, ist von Erfolgsmenschen meist aber nicht so beabsichtigt. Wenn sie zu schnell vorpreschen, besteht die Gefahr, dass die Mitarbeiter nicht folgen können. Auch wenn jemand ineffizient oder langsam arbeitet, können sie sehr ungemütlich werden. Mitarbeiter, die sich umständlich anstellen oder zu viele Fragen stellen, werden leicht als „Störenfriede" abgestempelt. Mit Arbeitsunterbrechungen können Erfolgsmenschen schlecht umgehen. Das weckt bei Mitarbeitern den Eindruck von Unnahbarkeit und Egoismus.

Die Zielstrebigkeit von Erfolgsmenschen weckt bei Mitarbeitern oft den Eindruck von Unnahbarkeit und Egoismus

„Taktische Empathie" – Talent oder Widerspruch?

Erfolgsmenschen haben ein gutes Empfinden für Erwartungen. Sie benutzten ihre emotionalen Fähigkeiten, um zu spüren, was sie tun oder sagen müssen, um andere für sich zu gewinnen. Das geschieht spontan ohne Vorausplanung, beispielsweise im Verkaufsgespräch unter vier Augen, bei einer Präsentation oder einem Vortrag vor einer Zuhörerschaft mit hunderten Teilnehmern. In der Außenwirkung ist das eine sehr erfolgreiche Strategie.

Im Vier-Augen-Gespräch mit einem Mitarbeiter kann dieser „Chamäleon-Effekt" aber auch als Manipulation empfunden werden. Hat der Mitarbeiter z.B. ein Problem emotionaler oder persönlicher Art, wollen Erfolgsmenschen das oft gar nicht wissen, weil es nur von der Zielerreichung ablenkt.

Die Lösung besteht darin, dass sie mit ihren eigenen Gefühlen in Kontakt kommen, was ihnen ausgesprochen schwerfällt. Wirkliche Empathie setzt voraus, dass man sein eigenes Gefühlsleben kennt und schätzt. Meist setzen sich Erfolgsmenschen erst damit auseinander, wenn sie durch Lebensumstände, wie Unfall, Krankheit oder Arbeitslosigkeit, dazu gezwungen werden. Solange sie die Tiefen des eigenen Gefühlslebens nicht ausgelotet haben, werden sie nicht fähig sein, wirkliche Empathie zu zeigen. Es handelt sich dann eher um das, was in der Überschrift mit „taktischer Empathie" bezeichnet wird, weil es so von anderen empfunden wird.

Um empathisch zu sein, müssen Erfolgsmenschen mit ihren eigenen Gefühlen in Kontakt kommen

KATRIN, 32, MITARBEITERIN EINER FÜHRUNGSKRAFT MIT DEM PROFIL DREI: Selbst wenn mein Chef sich im Mitarbeitergespräch einmal Zeit nimmt, mir zuzuhören, spüre ich seine innere Unruhe. Ich habe dann immer das Gefühl, dass er eigentlich wichtigere Dinge tun möchte, als sich anzuhören, wie ich Beruf und Familie unter einen Hut bekommen will.

TIPP *Beziehung zu anderen Menschen hat etwas mit Gefühlen zu tun. Nehmen Sie sich Zeit für Ihre Mitarbeiter, auch für ihre privaten Sorgen und Nöte. Vergessen Sie alles andere und achten Sie auf das, was Mitgefühl in Ihnen auslöst.*

Perspektivwechsel werden vollzogen, wenn sie Nutzen versprechen

Perspektiven, die Probleme oder Hindernisse darstellen, werden gern ignoriert

Willkommen sind alle Perspektiven, die für Erfolgsmenschen auf dem Weg zur Zielerreichung von Nutzen sind. Kein Persönlichkeitsprofil ist so nutzenorientiert wie die Drei. Perspektiven, die Probleme oder Hindernisse darstellen, werden gern ignoriert. In der Regel sind die Erfolge in einem Wirtschaftsunternehmen an Finanzkennzahlen orientiert. Also ist die Bewertung des Erfolgs für Erfolgsmenschen klar vorgegeben. Sie wissen, worauf es ankommt und was sie vernachlässigen können. Eine gewisse Unflexibilität beim Einnehmen verschiedener Perspektiven, die schnell zum Stolperstein für Erfolgsmenschen werden kann, haben wir häufig beobachtet, wenn die (vertriebsorientierte) Drei Ertragsprobleme mit erhöhten Vertriebsanstrengungen und mehr Kundenaufträgen lösen will. Das führt dann häufig zu vollen Auftragsbüchern, aber wegen eines Mangels an Cashflow auch direkt in den Konkurs.

Die Perspektive eines Qualitätsbeauftragten einzunehmen, der mehr an hundertprozentiger Qualität interessiert ist, fällt Erfolgsmenschen schwer, wenn dadurch das Erreichen der Ertragsziele gefährdet scheint. Damit provozieren Erfolgsmenschen dann Widerstand im eigenen Team, was die Zusammenarbeit erschwert. *„Warum sollen wir 100 Prozent liefern, wenn die meisten Kunden mit 80 Prozent zufrieden sind?"*, fragen sie sich aus ihrer Perspektive – manchmal zu Recht.

FRANZ, 56, PROMOVIERTER FORSCHUNGS- UND ENTWICKLUNGSINGENIEUR EINES AUTOMOBILZULIEFERERS: Es ist schon schwierig in meiner Funktion unter einer Drei als Chef zu arbeiten. Seine Aussage läuft immer auf dasselbe hinaus: *„Wozu muss ich Grundlagen erforschen und promoviert haben? Ich kann doch bei Google recherchieren und dann haben wir das Problem in 15 Minuten erledigt."*

TIPP *Nehmen Sie sich mehr Zeit bei Entscheidungen und Planungen. Diskutieren Sie diese mit kompetenten Partnern, die über andere Qualitäten verfügen. In komplexen Systemen wie (Wirtschafts-)Organisationen gibt es immer mehrere Sichtweisen in Bezug auf dasselbe Phänomen. Je mehr davon ernsthaft berücksichtigt werden, desto nachhaltiger wird der Erfolg sein.*

Exzellenz beim Rollenwechsel ist nicht alles im Leben

Wenn es darum geht, verschiedene Rollen einzunehmen, kommt die Fähigkeit von Erfolgsmenschen, sich ihrem Publikum und jedem Milieu anzupassen, voll zur Geltung. Sie orientieren den eigenen Standpunkt an dem, was in dieser konkreten Situation Erfolg verspricht. Dieses Verhalten kann dazu führen, dass Mitarbeiter Erfolgsmenschen als inkonsequent und oberflächlich erleben.

Da Ziele oft wichtiger sind als Menschen und Gefühle warten müssen, bis die Arbeit getan ist, halten andere sie für berechnend und verweigern bisweilen die Zusammenarbeit. Entweder beginnen Erfolgsmenschen dann an sich zu arbeiten oder sie wechseln in eine andere Firma, wo das Spiel dann wieder von vorne beginnt.

Da ihnen Ziele wichtiger sind als Gefühle, halten andere Erfolgsmenschen oft für berechnend

ERNST, 70, GESCHÄFTSFÜHRENDER GESELLSCHAFTER EINES GRÖSSEREN MITTELSTÄNDISCHEN BETRIEBS: Vor fünf Jahren habe ich mich vom operativen Geschäft zurückgezogen. Ich habe mich so mit meiner Arbeit identifiziert, dass ich gar nicht mehr wusste, wer ich selber bin. Ich hatte Angst, dass dort niemand ist. Das hat mich in eine tiefe Depression gestürzt.

Erst als ich durch Meditation Zugang zu meinen Gefühlen bekam und langsam eine neue Identität aufgebaut habe, wurde mir klar, dass ich mich selbst zwar gerne als Chef gehabt hätte, aber ganz bestimmt nicht als Vater oder Ehemann.

TIPP *Nehmen Sie sich Zeit für sich und Ihre eigenen Gefühle. Finden Sie eine Identität, die sich nicht über Arbeit definiert, und lassen Sie sich auf andere Menschen ein. Lernen Sie, zweckfrei zu genießen.*

Warum für einen Erfolg im nächsten Jahr arbeiten, wenn schon morgen einer winkt?

Erfolgsmenschen sind zu sehr an kurzfristigen, messbaren Erfolgen orientiert

Erfolgsmenschen verwechseln häufig Taktik mit Strategie. Sie sind zu sehr an kurzfristigen, messbaren Erfolgen orientiert, sodass sie die langfristige Entwicklung der Organisation vernachlässigen. Originalton einer gut reflektierten Dreier-Führungskraft: *„Der wirkliche Erfolg meiner Tätigkeit wird erst sichtbar, wenn ich längst das Unternehmen verlassen habe."* Das ist ein guter Rat für jeden Erfolgsmenschen.

Andererseits können Führungskräfte mit dem Profil Drei ihre Fähigkeiten in schwierigen Zeiten für eine Organisation oder Abteilung optimal einsetzen, um sie in ruhiges Fahrwasser zu führen. Wenn dieses erreicht ist, geht es darum, den Mitarbeitern Zeit und Raum zu gewähren, sich in den neuen Strukturen zu beweisen. Dann müssen Erfolgsmenschen darauf achten, das Tempo zurückzunehmen.

REGINA, DAMALS 35, VERTRIEBSLEITERIN: Als ich in die Firma kam und sah, wie ineffektiv der ganze Vertrieb lief, habe ich genaue wirtschaftliche Analysen gemacht. Alle Vertriebsaktivitäten kamen auf den Prüfstand. Wenn verdiente Außendienstmitarbeiter plötzlich vom gefeierten Umsatzhelden zur Ertragsniete wurden, waren sie schwer getroffen. Aber um den Karren nicht an die Wand fahren zu lassen, musste korrigiert werden.

TIPP *Selbst wenn harte Einschnitte notwendig sind, um das Unternehmen zu retten, sollten Sie sich um eine gute Kommunikation und ein angemessenes Tempo bemühen, um die Mitarbeiter mitzunehmen und nicht deren Widerstand zu provozieren.*

Im Krisenfall und unter „Beschuss" durchaus mal auf Tauchstation

Die Angst vor Gesichtsverlust ist groß

Krisen- und Konfliktmanagement bekommen Erfolgsmenschen gut in den Griff, solange sie nicht selbst als Verursacher im Brennpunkt stehen. Dann schlägt die Angst vor Gesichtsverlust zu und sie weichen ihrer Verantwortung aus. Wenn es zu einer Krise kommt, die sie selber zu verantworten haben, ist es eine große Anstrengung, Farbe zu bekennen und das Ruder herumzureißen. Da ist es einfacher, das Unternehmen zu verlassen. Erfolgsmenschen sind wesentlich effektiver, wenn sie neu in ein Unternehmen kommen, das in einer Krise steckt, und sie diese meistern sollen.

Bei Führungskräften mit dem Profil Drei haben wir eine interessante Beobachtung gemacht. Wenn die von Erfolgsmenschen gestalteten Strukturen oder Prozesse kritisiert werden, fühlen sie sich persönlich angegriffen und als ganze Person infrage gestellt. Das hat mit ihrer übermäßigen Identifikation mit dem Arbeitsinhalt zu tun.

Erfolgsmenschen sind so mit ihrer Arbeit identifiziert, dass sie sich bei Kritik sofort persönlich angegriffen fühlen

> **Günter, 41, Leiter einer Bildungsorganisation:** Mir fällt es schwer, andere zu kritisieren. Ich selber versuche offen zu sein für Kritik. Wenn die Mitarbeiter aber keine Ahnung von dem haben, was ich ihnen vermitteln will, und sie die Arbeitsinhalte anzweifeln, explodiere ich.

Tipp *Menschen haben ein unterschiedliches Arbeitstempo. Jemand, der langsamer arbeitet als Sie, wird durch Druck nicht unbedingt motiviert, schneller zu arbeiten. Gehen Sie in die Offensive und laden Sie andere dazu ein, Ihnen Feed-back zu geben, was sie an Ihnen nicht mögen. Und gehen Sie dann ehrlich mit sich ins Gericht.*

Nicht-konformes Verhalten ist anders definiert

Wenn jemand aus der Reihe tanzt, was die Regeln des Umgangs miteinander anbelangt oder die Konventionen der Kultur sprengt, ist das in Ordnung für Erfolgsmenschen, solange es nicht die Zielerreichung behindert. Was konformes oder nicht-konformes Verhalten ausmacht ist für sie durch die Aufgabenstellung und Zielerreichung definiert. Im Umkehrschluss sind sie leicht irritiert, wenn sich jemand zwar kulturell konform verhält, aber die Prozesse, Strukturen, Aufgaben oder Ziele infrage stellt. Das ist inakzeptabel und wird bekämpft.

Konformes oder nicht-konformes Verhalten ist durch die Aufgabenstellung und Zielerreichung definiert

> **Regina, damals 35, Vertriebsleiterin:** Wer von den Außendienstmitarbeitern nicht einsehen will, dass wir vom Ertrag und nicht vom Umsatz leben, hat hier nichts verloren. Der soll halt gehen.

TIPP *Veränderungen in der Organisation benötigen ein Umdenken der Mitarbeiter. Das ist ein Eingriff in die Kultur und erfordert eine Veränderung der Identität auf Mitarbeiterseite. Dieser Prozess braucht Zeit.*

Wortgewandter Meister des politischen Taktierens

Erfolgsmenschen passen sich schnell neuen Situationen an

Taktieren und sich schnell neuen Situationen anzupassen, ist die bevorzugte Domäne von Erfolgsmenschen. Wenn sie Wahrhaftigkeit üben und nach ihrem Gewissen handeln, sollten sie diese Fähigkeit nutzen, um das eigene Team optimal im Unternehmen zu positionieren.

Wenn sie ihre Ungeduld zügeln, faire Verhandlungspraktiken üben und versuchen, aus jeder Situation möglichst viel Wert zu schaffen, sowohl für das eigene Unternehmen als auch für den Kunden, ist die Basis für „Win-win-Beziehungen" nach innen und außen gelegt.

Die sieben Kriterien für soziale Kompetenz im Überblick

Kriterien für soziale Kompetenz	Entwicklungspotenziale	Was für Erfolgsmenschen konkret zu lernen ist
Empathie-Fähigkeit	⚠⚠	Finden Sie Zugang zu Ihren eigenen Gefühlen und nehmen Sie sich Zeit für die Menschen, mit denen Sie zusammenarbeiten.
Fähigkeit zum Perspektivwechsel	⚠⚠	Beziehen Sie Perspektiven von anderen Menschen und Abteilungen ernsthaft in Ihre Überlegungen ein. Sie sind wertvoll und notwendig für den Gesamterfolg.
Fähigkeit zum Rollenwechsel	☐	Nutzen Sie Ihre Fähigkeit, Rollen zu spielen, für das Wohl Ihrer Organisation. Betrachten Sie Ihr „Theater" gelegentlich kritisch von außen und werden Sie in Ihrem Wirken uneigennütziger.
Lösungsorientierung und strategische Ausrichtung	⚠	Bedenken Sie langfristige Entwicklungen der Organisation. Der wirkliche Erfolg Ihrer Arbeit zeigt sich häufig erst, wenn Sie die Organisation längst verlassen haben werden.

Konfliktfähigkeit, Kritikfähigkeit und Krisenfestigkeit	⚠	Stellen Sie sich den Konflikten direkt und weichen Sie nicht aus. Beziehungen werden besser nach ausgestandenen Konflikten. Arbeiten Sie daran, Ihre Angst vor Gesichtsverlust zu meistern.
Einbindung nicht-konformer Mitarbeiter	⚠	Nutzen Sie nicht-konforme Mitarbeiter als Quelle wichtiger Information. Vielleicht möchten diese nur etwas mehr Menschlichkeit und Wärme ins Team bringen.
Sich und das eigene Team taktisch klug im System positionieren	☐	Weiter so im Beruf – entwickeln Sie jedoch eine gesunde innere Distanz zu diesem Verhalten im Privatleben und genießen Sie die privaten Seiten des Lebens.

☐ Exzellente Grundlagen sind vorhanden. Achten Sie jedoch darauf, dass Sie es nicht übertreiben, sonst schlagen Ihre Stärken ins Gegenteil um und Sie richten Schaden an (siehe Kap. 1.6).

⚠ Gute Grundlagen sind vorhanden. Es lohnt sich, sie weiter auszubauen.

⚠⚠ Hier besteht noch großes Entwicklungspotenzial. Aber Achtung: Hier gibt es nichts geschenkt, denn Sie arbeiten gegen Ihren Autopiloten.

3.4 Persönlichkeitsprofil Vier: Der Individualist im Führungs-Check der sozialen Kompetenz

Leidenschaftlicher – Ästhet – Außergewöhnlicher – Mr. Special Project

Lesen Sie zu diesem Persönlichkeitsprofil auch den Steckbrief auf Seite 62/63.

Ständiges Ringen um den eigenen Führungsstil

Menschen mit dem Persönlichkeitsprofil Vier ringen immer um ihren eigenen Führungsstil. Für sie ist es ein ständiger Kampf, den eigenen Werten treu zu sein und gleichzeitig die Verantwortung der Führungsrolle wahrzunehmen. Authentizität ist dabei ein Top-Thema und eine Spezialität von Ihnen. Hoch mo-

Spezialisten im Bereich Authentizität

Suche nach einem
Alleinstellungsmerkmal

tiviert ist der Individualist, wenn es sich um spezielle Projekte handelt. Einer unter mehreren zu sein, fällt ihm schwer. Er vergleicht sich mit anderen und ist immer auf der Suche nach einem Alleinstellungsmerkmal. Für den Individualisten ist das so selbstverständlich geworden, dass er es selber gar nicht mehr bemerkt. Als Mitläufer eignet er sich gar nicht.

Motivation und Selbst-
bestätigung aus dem
Einsatz für spezielle
Aufgaben

Er holt sich seine Motivation und Selbstbestätigung aus seinem Einsatz für spezielle Aufgaben. Er kann in der Rolle von „Mr. Special Project" bis an und auch über die eigenen Grenzen gehen. Wenn er sich in ein Projekt „verbissen" hat, merkt er manchmal gar nicht, was um ihn herum passiert.

Ein Karrierebeispiel aus dem Profitbereich

Udo, 40, IT-Leiter: Das Gymnasium brach ich ab, weil mein Vater sagte, ich solle ihm gehorchen, solange ich die Füße unter seinen Tisch stelle. Also habe ich eine Lehre absolviert. Früh zeigte sich, dass ich eine große Abneigung gegenüber blindem Gehorsam habe. Wenn ich keinen Sinn in einer Sache sehe, dann kann ich einfach nicht mitmachen. Als ich den Steinmetz als vierter Bundessieger abgeschlossen hatte, war mir der Sinn nach Höherem. Nach entsprechender Ausbildung und einer Anstellung als EDV-Profi bei einer großen Firma erwies sich meine Abneigung gegenüber Anpassung wieder als äußerst schwierig. Die Kollegen dort hatten bestimmte Rituale, wie sie ihre Pausen verbrachten. Es gab immer die gleichen doofen Spiele und sogar die Sätze dabei waren dieselben. Ich sah mich schon als spielenden, alten Kerl da sitzen. Da kündigte ich.

Als inzwischen sehr gefragter Könner in meiner Sparte wurde ich trotz einiger Bedenken Führungskraft in einem Weltkonzern. Eigentlich wäre mein Kollege besser geeignet, dachte ich. Doch mit großem Mut zur Lücke und unter dem Zureden meiner Frau sagte ich zu. Das Controlling durch die Vorgesetzten war ein Graus. Zahlen waren gar nicht meine Welt. Ich konnte gut den Menschen den Rücken stärken und mich vor sie stellen, wenn ein Gewitter aufzog. Mir war die persönliche Beziehung zu den Menschen wichtiger als das fachliche Können. Im Team durfte es schon mal ein unkonventioneller Typ sein, ich konnte damit umgehen, fand es sogar gut.

Authentisch führen aus der Sicht des Individualisten

Der Individualist ist immer auf der Suche nach dem, was für ihn authentisch ist. Und er definiert dies immer wieder neu. Aus dem fachlichen Vorsprung gegenüber seinen Mitarbeitern zieht er das Selbstvertrauen für die eigene Führungsrolle. Der Individualist führt über Beziehungen. Menschliche Wärme ist wichtig. Er sucht das Individuelle in jedem Mitarbeiter. Er bemüht sich, Toleranz für die jeweiligen Eigenarten seiner Mitarbeiter zu schaffen. Das ist mit Sicherheit einer der Gründe, dass der Individualist als Führungskraft gemocht wird.

Der Individualist führt über Beziehungen

Er versucht Vorbild zu sein und das authentisch vorzuleben, was er von seinen Mitarbeitern erwartet. Ohne eigene Feldkompetenz fällt es dem Individualisten schwer, seiner Vorstellung von authentischer Führung gerecht zu werden. Häufig entwickelt der Individualist den eigenen Führungsstil als Reaktion auf negative Erfahrungen, die er mit seiner eigenen Führungskraft gemacht hat: *„So wie mein Chef werde ich mich nie verhalten!"* Seine Aufmerksamkeit geht auf das, was im Verhalten des eigenen Chefs negativ empfunden wurde. Der Individualist vergleicht sich ständig mit anderen und tendiert dazu, sich auf das zu konzentrieren, was gerade fehlt.

Der Individualist vergleicht sich ständig mit anderen

Meister der Empathie mit einer Einschränkung

Der Individualist ist ein Meister der Empathie. Intensive Gespräche mit Tiefgang sind sein Lebenselixier. Er mag kein oberflächliches Geplänkel. Er hat eine fein justierte Antenne für die Gefühle von anderen. Wenn er diese Fähigkeit übertreibt, unterstellt er dem anderen manchmal Gefühle, die er an seiner Stelle in der Situation hätte, eine Art „emotionale Projektion". Wer seine Weltsicht auf Gefühle gründet, tut dies nicht nur mit den wünschenswerten und positiven Gefühlen, sondern auch mit den nicht erwünschten, negativen. Wenn die Führungskraft so stimmungsabhängig ist, kann dies für die Mitarbeiter schwierig werden. Wenn der Individualist auf der emotionalen Achterbahn ganz oben ist, wirkt er mitreißend und motivierend. Wenn er gerade im Tal ist, kann er andere mit runterziehen. Man geht ihm dann besser aus dem Weg.

Fein justierte Antenne für die Gefühle von anderen

HARTWIG, 36, GESCHÄFTSFÜHRER: Es gibt Tage, an denen habe ich das Gefühl zu fliegen. Alles geht von alleine. Die

> Leute, die ich sprechen möchte, haben Zeit für mich. Selbst Termine, die unbedingt stattfinden müssen und in der Hektik nicht geplant wurden, werden mir zugesagt, ohne jegliche Überzeugungsarbeit. Das Leben läuft gut, die Menschen verstehen mich und alles geht leicht.
>
> An anderen Tagen muss ich mich wiederum ganz schön anstrengen, um alles auf die Reihe zu bekommen. Dann habe ich das Gefühl, die Leute stellen sich dumm an, um mich persönlich zu ärgern. Sie machen mir das Leben schwer und ich brauche dreimal so viel Energie, um das Gleiche zu erreichen, wie an den Tagen, wo alles wie von alleine funktioniert.

TIPP *Bei aller Fähigkeit, die Gefühle von anderen nicht nur zu verstehen, sondern buchstäblich mitzufühlen, muss sich der Individualist immer fragen: Ist das jetzt wirklich die Emotion meines Gegenübers oder projiziere ich die Gefühle, die ich an seiner Stelle hätte, in diese Situation hinein?*

Perspektiv- und Rollenwechsel unter bestimmten Voraussetzungen

Perspektivwechsel und auch die Bereitschaft und Fähigkeit, verschiedene Rollen als Führungskraft einzunehmen, je nachdem, was die Situation verlangt, sind nicht unbedingt eine Stärke des Individualisten. Je mehr er aber lernt, dass es Kriterien außerhalb der eigenen Erfahrung gibt, die hinzugezogen werden müssen, um eine Situation in ihrer Komplexität zu erfassen, desto leichter fällt der Perspektiv- und Rollenwechsel. In der Tat gibt es Führungskräfte mit dem Profil Vier, die ganz hervorragend ihre Rolle wahrnehmen und dabei authentisch sind. Das erfordert ein sehr bewusstes Reflektieren der eigenen Führungsrolle. Wenn diese mit klaren Prinzipien und Werten gelebt wird, fällt es dem Individualisten zunehmend leichter, auch Dinge zu tun, deren Konsequenz er den Betroffenen am liebsten ersparen würde, die aber unumgänglich sind.

Lernen zu berücksichtigen, dass es in komplexen Situationen Kriterien gibt, die außerhalb der eigenen Erfahrung liegen

Klare Prinzipien und Werte als Leitlinien für Beständigkeit entwickeln

Der Individualist ist sich immer im Klaren über die Konsequenzen seiner Entscheidung für andere. Es fällt ihm schwer, Anweisungen zu geben, wenn die Betroffenen Nachteile in Kauf nehmen müssen. Wenn er innerlich zu lange mitfühlt, wird er zögerlich und schiebt Entscheidungen hinaus. Wenn er dann endlich handelt, stößt er andere durch sein plötzliches Vorgehen oft vor den Kopf, was diese als launisch empfinden. Der Individualist liebt die Vielfalt von Erfahrungen. Für ihn hat das Leben nur einen Sinn, wenn er eine Erfahrung selbst gemacht hat. Er tut sich schwer, aus den Erfahrungen anderer zu lernen, weil es seinem Ideal von Authentizität widerspricht.

Entscheidungen mit negativen Konsequenzen für andere werden hinausgezögert

PAUL, 59, GESCHÄFTSFÜHRER EINES INTERNATIONALEN SEMINARZENTRUMS: Natürlich habe ich gemerkt, dass Michael Probleme mit Alkohol hat. Trotzdem habe ich ihn vor den Mitarbeitern verteidigt, weil wir eine lange gemeinsame Geschichte haben. Ich habe versucht, ihm alle erdenkliche Hilfe zukommen zu lassen, und jedes noch so kleine Signal der Besserung viel zu hoch bewertet. Natürlich hätte ich ihm die Prokura entziehen müssen, aber ich war so engagiert, diese Höhen und Tiefen mit Michael mitzugehen, dass ich diese einzig richtige und für meine Rolle als Inhaber des Unternehmens verantwortliche Entscheidung immer wieder aufschob.

Erst als sich Michael mit einer großen Geldsumme von den Firmenkonten ins Ausland abgesetzt hatte, wurde mir klar, dass ich durch meine Untätigkeit fast die Existenz des Unternehmens aufs Spiel gesetzt hatte. Ich hatte versucht zu helfen und war wohl auch ein Stückchen weit fasziniert von den Abgründen, die sich hier auftaten.

TIPP *Machen Sie sich immer wieder der mit Ihrer Rolle einhergehenden Verantwortung bewusst und fragen Sie sich, ob Sie Ihr Pflichtenheft auch abgearbeitet haben. Entwickeln Sie Achtsamkeit dafür, dass Ihr Autopilot Sie auf intensive Gefühlserlebnisse hinlenken will, statt sich mit banalen Pflichten des Alltags zu befassen.*

Zukunft oder Vergangenheit – nur nicht in der Gegenwart

Der Individualist pendelt zwischen den Extremen. Er schwärmt mit übertriebener Intensität von Dingen, die er positiv sieht. Das führt dazu, dass er nicht ganz in der Gegenwart präsent ist. Er geht entweder in die Zukunft oder in die Vergangenheit.

Der Individualist pendelt zwischen den Extremen

In der Literatur wird viel darüber geschrieben, dass Individualisten mit ihrem Hang zur Melancholie in Gedanken in der Vergangenheit weilen. Unter Führungskräften haben wir jedoch auch sehr viele Individualisten gefunden, die sehr zukunftsorientiert sind. Sie leben richtig auf, wenn sie von Visionen schwärmen. Dahinter verbirgt sich der Antrieb, etwas Besonderes zu schaffen. Das macht sie originell und wertvoll für jede Organisation.

Der Antrieb, etwas Besonderes zu schaffen, macht Individualisten wertvoll für jede Organisation

> **DIETER, 36, GESCHÄFTSFÜHRER:** Seitdem wir unsere neue Produktlinie ins Leben gerufen haben, macht mir die Arbeit wieder richtig Freude. Mit dieser Idee werden wir den ganzen Markt revolutionieren. Nachdem ich den Aufsichtsrat überzeugen konnte, das Geld für die notwendigen Investitionen bereitzustellen, werden wir die Umsatzrückgänge der letzten Jahre ganz schnell aufgefangen haben. In der Tat wird es wieder wie früher sein. Wir werden wieder unangefochtener Markt-, Technik- und Innovationsführer sein. Diese lästigen Vertriebsanstrengungen und -kosten können wir dann für sinnvollere Dinge verwenden.

Pendler zwischen den Extremen – manche kommen da nicht mit

Der Individualist kann andere mit seiner Begeisterung anstecken

Engagiert sich der Individualist für ein Zukunftsprojekt, an das er glaubt, kann er andere sehr gut dafür motivieren. Von einer Idee beseelt zeichnet er eine positive Zukunft für das Unternehmen, sodass jeder von seiner Begeisterung angesteckt wird. Manchmal wundert sich der Individualist allerdings, dass andere nicht denselben Enthusiasmus bei einem genialen Projekt entwickeln wie er selbst.

Die Lehre aus dem obigen Beispiel: Bei dieser leicht ins Extreme gehenden Sichtweise des potenziellen Neugeschäfts hatte Dieter gar nicht bemerkt, dass die Vertriebsmitarbeiter des bestehenden Stammgeschäfts anfingen, an ihrem Selbstbild zu zweifeln. Sie fragten sich, ob der Chef sie überhaupt noch brauchte, wenn in kurzer Zeit sowieso der ganze Markt anders funktionieren würde. Letztendlich führte das zu Motivationsproblemen.

Die emotionale Intensität, die der Individualist in solch einer Situation an den Tag legen kann, lässt alles Bestehende oder Alte als banal erscheinen. Obwohl das nicht seine Absicht ist, verliert er dann leicht den Kontakt zu den eigenen Mitarbeitern.

Gefahr, sich von der eigenen Begeisterung forttragen zu lassen

> **Tipp** *Bei aller Begeisterung für ein tolles Projekt sind andere Menschen nicht unbedingt bereit oder in der Lage, diese sofort vorbehaltlos zu teilen. Wenn andere skeptisch sind, sollten Sie die eigenen Vorstellungen anhand von Zahlen, Daten und Fakten überprüfen.*

Krise – ja bitte!

Besonders in der Krise, wenn die Mitarbeiter emotional geladen sind, ist der Individualist in seinem Element. Als Emotionsmensch ist er in der Lage, mit jeder noch so schwierigen Situation fertigzuwerden. Damit trägt er zur Lösungsfindung in schwierigen Situationen etwas sehr Wichtiges bei. Selbst wenn die Mitarbeiter extreme Gefühlsausbrüche zeigen und laut werden, schreien oder weinen, ist das für das Gefühlsleben des Individualisten keine Bedrohung. Manchmal kann das allerdings zu weit gehen, weil er irgendwann Schwierigkeiten bekommt, die eigenen Gefühle und die der Menschen im Umfeld auseinanderzuhalten.

Mit den in Krisen hochkochenden Emotionen kann der Individualist gut umgehen

> MANUELA, 34, PFLEGEDIENSTLEITERIN IM KRANKENHAUS:
> Wenn die Situation zum Tumult eskaliert, fühle ich mich oft erst richtig wohl. Egal, wie schwierig die Situation ist, meine Leute finden immer Gehör und wundern sich, wie ruhig ich bleibe. Was ich allerdings gar nicht mag, ist, wenn aufgrund von ökonomischen Zwängen, die natürlich ihren Grund haben, das Individuum verloren geht; wenn nicht berücksichtigt wird, was jeder Einzelne wert und wie wichtig er ist.

Kritik – nein danke!

Neben dem Persönlichkeitsprofil Eins hat der Individualist die größten Schwierigkeiten damit, Kritik anzunehmen. Selbst wenn sie sehr sachlich geäußert wird und keinerlei persönliche Angriffe enthalten sind, besteht immer die Gefahr, dass der Individualist das als Kritik an seiner Person auffasst. Man könnte auch sagen, dass er kein Verdauungssystem für Kritik

Kritik wird oft persönlich genommen

hat. Negative Kritik geht ohne jegliche innere Verarbeitung direkt in jede Körperzelle.

Das geringe Selbstwertgefühl des Individualisten lässt ihn an Äußerungen anderer zweifeln

Sogar bei positivem Feed-back taucht sofort eine Stimme im Hinterkopf auf: *„Meint der andere das wirklich so? Das kann doch nicht sein?"* Das liegt am geringen Selbstwertgefühl des Individualisten, was kaum jemand von außen wahrnimmt. Es spielt sich im Innenleben des Individualisten ab. Der äußere Schein zeigt häufig Sicherheit und Selbstvertrauen.

> SABRINA, 45, PROJEKTLEITERIN: Ein negatives Feed-back empfinde ich wie einen Schlag in die Magengrube. Negative Kritik ist in höchstem Maße destruktiv für mich. Ich werde davon total blockiert. Es führt dazu, dass ich anfange, meinen eigenen Wert und meine Arbeit infrage zu stellen. Das kann sehr weit gehen.

TIPP *Selten bezieht sich Kritik von anderen auf die eigene Person, sondern auf konkretes Verhalten in bestimmten Situationen. Gebieten Sie den negativen Schlussfolgerungen möglichst frühzeitig Einhalt. Niemand will Sie fertigmachen!*

Freude an nicht-konformem Verhalten

Sehr viel Toleranz für die Individualität anderer

Mitarbeiterinnen und Mitarbeiter, die sich nicht unbedingt konform verhalten, bereiten dem Individualisten selten Probleme. Da er selber sehr viel Toleranz für Individualität aufbringt, gelingt es ihm meistens, diese Mitarbeiter ins Team einzubinden und entsprechende Lehren aus der Situation zu ziehen.

> SABRINA, 45, PROJEKTLEITERIN: Chronische Nörgler sind die größte Herausforderung für jeden Projektleiter. Mich interessiert, was sie eigentlich bezwecken und warum. Ich glaube, dass ein Nörgler auch ein Gradmesser ist, zu schauen, wo man steht, und die eigene Arbeit mal zu hinterfragen. Ich meine nicht diejenigen, die wirklich destruktiv sind, sondern die schwierigen Kollegen. Je nachdem, wie man mit ihnen umgeht, können sie sehr förderlich für die Gruppe sein.

> **TIPP** *Wenn Sie nicht-konforme Mitglieder des Teams nutzen, um das Team voranzubringen, ist das gut. Wenn Sie als Führungskraft nicht-konformes Verhalten zu lange laufen lassen und zu wenig Grenzen setzen, nehmen die Mitarbeiter das in die Hand. Vorsicht – so kann Mobbing beginnen.*

Taktik als verhasste Pflichtaufgabe

Taktieren um Positionen oder Machtspiele innerhalb einer Organisation sind dem Individualisten ein Gräuel. Aus diesen Dingen hält er sich lieber heraus. Es gehört aber dazu und ist für die Würdigung der eigenen Leistung oder der des Teams innerhalb einer Organisation wichtig, dort mitzuspielen.

Machtspiele innerhalb der Organisation sind dem Individualisten ein Gräuel

> **TIPP** *Suchen Sie sich in der Organisation einen Mentor, der Sie anleiten kann. Wenn das nicht geht, weil Sie keine Vertrauensperson finden, nutzen Sie einen Coach von außen für diese konkrete Aufgabe. Versuchen Sie von anderen zu lernen, statt sie wegen ihrer vermeintlichen Oberflächlichkeit zu kritisieren.*

Die sieben Kriterien für soziale Kompetenz im Überblick

Kriterien für soziale Kompetenz	Entwicklungspotenziale	Was für den Individualisten konkret zu lernen ist
Empathie-Fähigkeit	☐	Lernen Sie zu unterscheiden, welches Ihre Gefühle sind und welche Sie von anderen übernommen haben. Überprüfen Sie, ob Ihre Eindrücke, was in anderen vorgeht, wirklich stimmen.
Fähigkeit zum Perspektivwechsel	⚠	Geben Sie bei der Bewertung von Situationen den objektiven Fakten mehr Gewicht, die für andere Perspektiven als Ihre eigene sprechen.
Fähigkeit zum Rollenwechsel	⚠	Ihre Gefühle sind nicht der Nabel der Welt. Andere haben auch wertvolle Erfahrungen gemacht, von denen Sie lernen können. Verbinden Sie Ihre Werte mit der Rollenverantwortung, die Sie tragen.

Lösungsorientierung und strategische Ausrichtung	⚠	Sie sind Ihrer Zeit oft weit voraus. Andere Menschen teilen nicht unbedingt Ihren Enthusiasmus, den Sie für Ihre Zukunftsvision empfinden. Fahren Sie den Energieregler etwas runter.
Konfliktfähigkeit, Kritikfähigkeit und Krisenfestigkeit	⚠⚠	Kritik bezieht sich auf konkretes Verhalten in einer konkreten Situation, nicht auf Sie persönlich. Atmen Sie tief durch und nehmen Sie sich Zeit, die positive Absicht in der Kritik zu finden.
Einbindung nichtkonformer Mitarbeiter	☐	Vergewissern Sie sich, wie das Team zu nichtkonformen Mitgliedern steht. Setzen Sie Grenzen, bevor das Team es tut.
Sich und das eigene Team taktisch klug im System positionieren	⚠⚠	Überwinden Sie Ihre Abneigung gegen das Taktieren und die Machtspiele in Ihrer Organisation. Es gehört dazu. Suchen Sie sich Verbündete – im Austausch mit anderen fällt vieles leichter.

☐ Exzellente Grundlagen sind vorhanden. Achten Sie jedoch darauf, dass Sie es nicht übertreiben, sonst schlagen Ihre Stärken ins Gegenteil um und Sie richten Schaden an (siehe Kap. 1.6).

⚠ Gute Grundlagen sind vorhanden. Es lohnt sich, sie weiter auszubauen.

⚠⚠ Hier besteht noch großes Entwicklungspotenzial. Aber Achtung: Hier gibt es nichts geschenkt, denn Sie arbeiten gegen Ihren Autopiloten.

3.5 Persönlichkeitsprofil Fünf: Der Stratege im Führungs-Check der sozialen Kompetenz

Beobachter – Denker – Theoretiker – Mr. Independent

Lesen Sie zu diesem Persönlichkeitsprofil auch noch einmal den Steckbrief auf Seite 64/65.

Führen aus der Distanz

Umfangreiches Expertenwissen und strategischer Verstand

Menschen mit dem Persönlichkeitsprofil Fünf machen bevorzugt dort Karriere, wo sie ihr umfangreiches Expertenwissen einbringen und ihren messerscharfen strategischen Verstand voll zur Geltung bringen können. Die Welt der Wissenschaft ist dabei genauso attraktiv wie die der Finanzen oder des Journalismus, nur werden wir Strategen eher in den Fachredaktionen mit Hintergrundberichten befasst finden als im hektischen Tagesgeschäft der aktuellen Nachrichtenredaktionen.

Um Menschen gut zu führen, braucht der Stratege einen guten Gesamtüberblick. Er schätzt es gar nicht, ständig präsent sein zu müssen. Präsenz ist möglich, wenn er darauf vorbereitet ist, aber bitte keine Minute länger als unbedingt nötig. Der Stratege schätzt Verbindlichkeit und Reduktion auf das Notwendige. Er selbst hasst Zeitverschwendung und pflegt in der Regel als Führungskraft ein ausgefeiltes direktes Berichtswesen, um Diskussionen limitieren zu können.

Der Stratege braucht einen guten Gesamtüberblick

Emotionale Bindungen zu Mitarbeitern, Kollegen oder Chefs geht der Stratege als Führungskraft nur selten ein. Er lässt seine Privatsphäre konsequent außen vor und erscheint aus der Sicht der Mitarbeiter tendenziell verschlossen bis unnahbar. Er dirigiert seine Mitarbeiter sachlich, was zuweilen den Eindruck erwecken kann, als sähe er in ihnen die Figuren auf einem Schachbrett. Er bleibt stets fokussiert auf das Wesentliche, und wenn er sich im Bereich der Kommunikation geübt hat, kann er die Führung durchaus auch aus der Mitte des Teams heraus wahrnehmen.

Als Führungskraft geht er emotionale Bindungen zu Mitarbeitern, Kollegen oder Chefs nur selten ein

Ein Karrierebeispiel aus dem Profitbereich

HERRMANN, 54: Ich bin Jurist und diplomierter Volkswirt und habe in den USA in Finanzwissenschaften promoviert. Danach habe ich zwei Jahre beim internationalen Währungsfonds in Washington gearbeitet, bevor ich über Zwischenstationen in Zürich und London wieder nach Deutschland zurückgekehrt bin. Ich bin nun seit 25 Jahren im Bankfach tätig und führe seit acht Jahren den Geschäftsbereich Investment-Banking bei einer Privatbank.

Ob ich erfolgreich bin? Unsere Eigenkapitalrendite vor Steuern beträgt aktuell 28 Prozent und in den vergangenen acht Jahren ist sie nie unter 15 Prozent gesunken. Genügt Ihnen das? Wir haben mehrere Filialen im europäischen Ausland, Nordamerika, China und Russland. Anders als viele Großbanken bauen wir kein Personal ab, sondern stellen seit 20 Jahren kontinuierlich ein. Wir haben heute mehr als 500 Mitarbeiterinnen und Mitarbeiter.

Mit meinem Naturell passe ich gut ins Finanzwesen, denn Diskretion spielt in unserem Metier eine große Rolle. Fragen zu meinem Privatleben? So zugeknöpft bin ich eigentlich gar nicht (*schmunzelt*), aber wenn das in einem Buch abgedruckt werden soll, nein, lieber unter vier Augen. Meine beruflichen Perspektiven? Mich hat es nie nach Veränderung gedrängt. Meine beruflichen Wechsel haben sich ergeben, weil ich zur rechten Zeit am rechten Ort war und mit den richtigen Leuten in Kontakt kam. Außerdem ist Arbeit nicht alles. Ich kann meine anspruchsvolle Tätigkeit nur deshalb gut erfüllen, weil ich im Privatleben viel Kraft tanke.

Authentisch führen aus der Sicht des Strategen

Als Führungskraft bemüht sich der Stratege stets um ein hohes Maß an Objektivität

Glaubwürdigkeit in der Führung bedeutet für den Strategen, sich stets um ein hohes Maß an Objektivität zu bemühen. Das gilt für die Inhalte der Arbeit wie für Menschen gleichermaßen. Auf diesem Feld schlägt ihn kaum jemand. Seine analytischen Talente und seine Neigung zu sorgfältiger, faktenbasierter Planung schaffen Verbindlichkeit und Sicherheit für alle. Der Stratege stellt sicher, dass alle die gemeinsame Mission verstanden haben, und schafft die Rahmenbedingungen dafür, dass sie erfüllt werden kann. Er ist ein Meister des effektiven und effizienten Schnittstellenmanagements.

Der Stratege lässt sich von niemandem vereinnahmen. Lobbyisten haben bei ihm kaum eine Chance. Er gibt sich eher konservativ und hat den sicheren Fortbestand des Unternehmens immer im Blick. Gleichzeitig führt er aber auch mit strategischer Weitsicht und beobachtet den Markt und die Konkurrenz aufmerksam. Er schließt strategische Kooperationen oder erschließt neue Geschäftsfelder – wenn es Sinn macht. Dabei handelt der Stratege selten überstürzt. Sind Entscheidungen aber einmal gefallen, handelt er entschlossen und ohne zu zögern. Der Stratege gibt sich große Mühe, möglichst diskret zu agieren. Große Auftritte und geballte persönliche Präsenz gehören nicht zu seinen Vorlieben. Wenn die Fakten es erfordern, trennt er sich auch ohne große Emotionen von Geschäftsbereichen oder Personal.

Geballte persönliche Präsenz gehört nicht zu seinen Vorlieben

Er unterscheidet konsequent zwischen Fakten und Gefühlen. Es ist nicht leicht, sich dem Strategen auf der menschlichen Ebene zu nähern. Ist über einen längeren Zeitraum aber doch eine persönliche Bindung zu Mitarbeitern entstanden, erweist sich der Stratege als extrem treu und lässt niemanden ohne Not fallen.

Es ist nicht leicht, sich dem Strategen auf der menschlichen Ebene zu nähern

Meist steht ein Fuß auf der Empathie-Bremse

Der Stratege will die für ihn wichtigen Menschen verstehen und baut darauf, dass auf vernünftige Art Argumente ausgetauscht werden. Die Eigenschaft seines Autopiloten, Gedanken und Gefühle zu entkoppeln, erschwert dabei echte Empathie. Einfach nur mitzuempfinden ist für ihn nicht leicht. Würde der Stratege seine Empathiekanäle bedingungslos öffnen – was durchaus möglich ist –, hätte er Angst, dies könnte ihn überfordern oder er könnte die Kontrolle über sich und die Situation verlieren.

Gedanken und Gefühle werden entkoppelt

BERNADETTE, 44, KLINIKMANAGERIN: Früher ist es häufiger vorgekommen, dass ich nach einem Mitarbeitergespräch, bei dem ich das Gefühl hatte, ganz offen, interessiert und unvoreingenommen auf mein Gegenüber eingegangen zu sein, hinterher zu hören bekam, ich sei unnahbar und kühl gewesen. Das hat mich auch verletzt, weil ich mir solche Mühe gegeben habe, gerade so eben nicht zu wirken. Die Leute haben es mir auch nie direkt ins Gesicht gesagt, sondern sind zu anderen gegangen. Das hat mich sehr geärgert. Die Kenntnis meines eigenen Persönlichkeitsprofils hat mir geholfen zu erkennen, dass ich offensiver sein muss, was mich selbst betrifft, meine Gedanken und Gefühle mitzuteilen.

TIPP *Geben Sie Auskunft darüber, wie Sie sich zu Beginn eines Gespräches fühlen, ob Sie sich darauf freuen, ob Ihnen auch etwas mulmig ist oder Sie mit gemischten Gefühlen herangehen. Das hilft, den Kontakt zum Gegenüber herzustellen.*

Perspektivwechsel als spannende intellektuelle Herausforderung

Mit der Ich-Perspektive ist der Stratege bestens vertraut. Dinge aus anderen Perspektiven zu betrachten ist für ihn aber durchaus eine intellektuell interessante Aufgabe. Vor allem der funktionale Perspektivwechsel, also eine Angelegenheit aus der Sicht anderer Abteilungen, der Kunden oder der Geschäftsleitung zu betrachten, gelingt ihm durchaus gut.

Eine Du-Perspektive einzunehmen fällt schwer

Sich jedoch auf die Du-Perspektive einzulassen, zumal noch in Gegenwart eines Gegenübers, ist für ihn anstrengend. Der Stratege beschäftigt sich mit dieser Perspektive lieber in schriftlicher Form, zumindest als ersten Schritt, damit er vorbereitet in ein persönliches Gespräch gehen kann.

> CLAUDETTE, 39, LEITERIN EINES RECHENZENTRUMS: Ich lege heute großen Wert darauf, die Perspektiven aller Beteiligten abzufragen und offenzulegen, inklusive meiner eigenen. Es ist verblüffend, wie positiv dies das Gesprächsklima beeinflusst und wie schnell sich jetzt oft ganz ungeahnte konstruktive Lösungsansätze finden lassen.

TIPP *Praktizieren Sie Perspektivwechsel nicht nur als geistig-intellektuelle Übung. Überprüfen Sie Ihre Wahrnehmung der Perspektive von anderen auch körperlich. Nehmen Sie für jeden an der Sache Beteiligten ein Blatt Papier und malen Sie ein „Smiley" darauf. Nehmen Sie zudem noch ein Blatt für das Thema, um das es geht, und legen Sie alle Blätter auf dem Boden zueinander in Beziehung. Stellen Sie sich nun nacheinander auf alle Blätter und nehmen Sie wahr, wie sich aus der Perspektive der jeweiligen Person das Thema und die Beziehung zu den anderen anfühlen. So können Sie Ihre Hypothesen gut überprüfen und falls nötig korrigieren. Bleiben Sie im Gespräch offen dafür, dass Sie sich vielleicht dennoch geirrt haben können. Sie werden dies in der Regel sehr schnell bemerken.*

Meister des nüchternen Rollenwechsels

Die sachliche Grundhaltung und die Fähigkeit, Dinge voneinander zu trennen, erleichtern es der Fünf, verschiedene Rollen und Rollenerwartungen unter einen Hut zu bekommen. Die Fünf ist sich immer bewusst, welche Rolle sie gerade spielt, und wenn sie sich ausreichend vorbereiten konnte, meistert sie ihre Auftritte mit Bravour. Sie ist am wenigsten gefährdet, Rolle und persönliche Identität zu vermischen oder gar zu verwechseln.

TIPP *Werden Sie lockerer in Ihrer Rollenausübung als Führungskraft. Ein bisschen Humor und niveauvoller Witz erhöhen Ihren Charme und tragen zu einer entspannteren Atmosphäre bei.*

Super-Strategen mit überdurchschnittlichen Erfolgsquoten

Zukunftssicherung ist für den Strategen ein Ziel mit oberster Priorität – für sich selbst genauso wie für sein Team. Gibt es ein Problem, das eine sichere Zukunft bedroht, handelt er, der ansonsten lieber beobachtet und abwartet, entschlossen. Da die Angst im Hintergrund Regie führt, die (materiellen wie immateriellen) Ressourcen könnten einmal nicht ausreichen, investiert der Stratege viel Energie in die Zukunftssicherung. Daraus folgt ein extrem sorgfältiger Umgang mit Ressourcen in der Gegenwart, vor allem in den alltäglichen Dingen. Geht es aber um eine positive (sichere) Zukunft, kann der Stratege auch größere Investitionsentscheidungen ohne viel Zaudern treffen. Seine Weitsicht, der gute Überblick über das Ganze und seine schwere Berechenbarkeit machen Menschen mit dem Persönlichkeitsprofil Fünf zu Super-Strategen mit überdurchschnittlichen Erfolgsquoten.

Der Stratege investiert viel Energie in die Zukunftssicherung

BERNADETTE, 44, KLINIKMANAGERIN: Im Gesundheitswesen jagt im Moment eine gravierende Veränderung die andere. Bestandsgarantien gibt es für fast nichts mehr. Umso wichtiger sind strategische Weitsicht und eine konsequente Lösungsorientierung. Da bin ich ziemlich gut. Vieles von dem, was sich im Zuge der Gesundheitsreformen herauskristallisiert hat, habe ich so kommen sehen und habe versucht, unsere Klinik darauf vorzubereiten.

Leider habe ich meine Kollegen nicht immer überzeugen können. Ich gebe mir heute mehr Mühe in der Kommunikation. Da habe ich immer noch Defizite, an denen ich aber arbeite *(lacht)*.

TIPP *Suchen Sie sich Verbündete, die über ein großes Kommunikationstalent verfügen, wenn Sie an Ihren Zukunftsstrategien arbeiten. Überwinden Sie Ihre Abneigung gegen Teamsitzungen und ergreifen Sie die Initiative zur Bildung von Task-Forces.*

Faktenorientiert und emotionsfrei im Konfliktfall

Im Konfliktfall bemüht sich der Stratege um eine sachliche und rasche Klärung auf der Grundlage logischer Argumente. Dies gilt zumindest für den Fall, dass er sich als Konfliktbeteiligter sieht. Das ist oft aber nicht der Fall. Sein Autopilot lässt ihn oft in eine von allem losgelöste (dissoziierte) Haltung flüchten. *„Was habe ich denn mit der Sache zu tun?"* oder *„Warum kommt ihr damit denn zu mir?"* sind Standardsätze, die zeigen, dass sich der Stratege oft als unbeteiligt empfindet – und das nicht immer zu Recht. Fühlt er sich genervt, reagiert er bisweilen zynisch und mit beißender Ironie. Befindet er sich jedoch in einer assoziierten Haltung, begreift sich also als Konfliktpartei, kann er durchaus auch heftig und emotional werden, eine Situation, die andere oft erschrecken lässt, denn so kennen sie den Strategen nicht.

Oft Flucht in eine losgelöste Haltung

Wenn der Stratege Kritik äußert, bemüht er sich um ein faktengestütztes, emotionsfreies Feed-back und kommt schnell auf den Punkt. Auf das Gegenüber wirkt diese Art aber oft kalt und gefühllos, was das Annehmen des Feed-backs erschwert. Ist der Stratege selber Empfänger von Kritik, ist er sehr empfindlich, was den Ton und den richtigen Zeitpunkt betrifft. Auch hier schätzt er eine Vorankündigung, um sich vorbereiten zu können.

Das faktengestützte Feed-back wirkt oft kalt und gefühllos

In Krisen wächst der Stratege oft über sich hinaus. Wenn alle Panik bekommen, bleibt er cool und handelt entschlossen und besonnen zugleich. Seine Fähigkeit, auf dem Wege der Logik Dinge zu antizipieren, kommt ihm dabei zugute.

CLAUDETTE, 39, LEITERIN EINES RECHENZENTRUMS: Für Konflikte unter Teammitgliedern habe ich mich früher grundsätzlich nicht zuständig gefühlt. Meine Haltung war: *„Das sollen die Leute doch bitte unter sich regeln."* Dadurch habe ich manche Dinge laufen lassen, die dann eskaliert sind.

Heute greife ich schneller ein und rufe die Kontrahenten zum Rapport, wenn sie ihre Probleme nicht binnen kurzer Zeit selbst geregelt bekommen. Das bin ich meinem Team und meinem Arbeitgeber schuldig, denn solche Konflikte können das Betriebsklima und die Produktivität erheblich beeinträchtigen.

TIPP (nicht nur für das Profil Fünf): *Praktizieren Sie folgende Grundregel in Ihrem Team: Hat jemand eine Kritik an jemand anderem, hat diese Person das Recht, dies auf direktem Weg und als Erste zu erfahren. Wer gegen diese Regel verstößt, wird zum Rapport gebeten und darauf hingewiesen und im Wiederholungsfalle abgemahnt.*

Nicht-konformes Verhalten als Herausforderung begreifen

Mitarbeiter, die sich nicht-konform verhalten, empfindet der Stratege als anstrengend und schätzt die Auseinandersetzung mit ihnen nicht sehr. Da er sich selbst nicht gerne mit dieser Thematik beschäftigt, setzt er als Führungskraft andere darauf an.

Der Stratege muss erst einmal begreifen, dass nicht-konformes Verhalten nicht immer auf bösem Willen beruht, sondern manchmal auf einen Missstand im System hinweisen will (ein sehr interessanter Gedanke für den Strategen). Dann wird er neugierig, nimmt die Herausforderung zur Auseinandersetzung bereitwillig an und geht den Dingen auf den Grund.

HERRMANN, 54, BANKMANAGER: Über nicht-konformes Verhalten habe ich früher nur den Kopf geschüttelt oder mich innerlich empört. *„Warum hält der oder die den ganzen Laden so auf und bringt alles durcheinander?"* Gesagt habe ich aber nur etwas, wenn es mich direkt betraf. An nicht-konformem Verhalten etwas Positives zu sehen, ist mir gar nicht eingefallen.

Heute weiß ich, gerade diese Mitarbeiter sind meine Prüfsteine und wenn ich sie zurückgewinne, hat das einen großen Mehrwert für das Unternehmen. Einmal habe ich einer Mitarbeiterin sogar eine Prämie gezahlt, weil ihr Fehlverhalten mich auf die Spur einer erheblichen Verschwendung von Ressourcen hinwies. Ich habe aber hinzugefügt, dass ich das nicht als Aufforderung verstanden wissen möchte, in Zukunft noch aufmüpfiger zu werden.

TIPP *Gehen Sie aktiv auf nicht-konforme Mitarbeiter zu und gehen Sie den Gründen nach. Steht hinter dem störenden, nicht-konformen Verhalten vielleicht eine positive Absicht, die auf einen gravierenden Systemfehler hinweist, den Sie oder Ihre Oberen zu verantworten haben?*

117

Gewiefter Taktiker mit Kommunikationsengpässen

Auf diesem Feld verfügt der Stratege bereits von Natur aus über alle Anlagen für Exzellenz und Meisterschaft, wenn er die notwendige Kommunikation und Einbindung der Mitarbeiter nicht vernachlässigt. Der Stratege sollte lernen, den Eigennutzen nicht prinzipiell an die erste Stelle zu setzen und weniger Geheimniskrämerei zu betreiben.

TIPP *Lassen Sie sich nicht überrollen. Sie wissen doch genau, was Sie wollen. Handeln Sie und gehen Sie auf direktem Wege vor, wenn die Fairness und die Verantwortung Ihrer Rolle es gebieten.*

Die sieben Kriterien für soziale Kompetenz im Überblick

Kriterien für soziale Kompetenz	Entwicklungspotenziale	Was für den Strategen konkret zu lernen ist
Empathie-Fähigkeit	⚠⚠	Konzentrieren Sie sich mehr darauf, was andere *fühlen*, und weniger darauf, was Sie *denken*. Werden Sie sich auch bewusster, wie Sie selbst auf andere wirken.
Fähigkeit zum Perspektivwechsel	⚠	Machen Sie Ihren eigenen Standpunkt anderen transparenter und machen Sie nachvollziehbar, warum Sie so denken und handeln und nicht anders. Lernen Sie wahrzunehmen, wie sich die Perspektive von anderen anfühlt, auch körperlich.
Fähigkeit zum Rollenwechsel	☐	Gehen Sie mit mehr Humor und Lockerheit an die Erfüllung der verschiedenen Rollenerwartungen, die an Sie gestellt werden, und gestatten Sie sich, sich auch mal selbst auf die Schippe zu nehmen. Das entspannt alle.
Lösungsorientierung und strategische Ausrichtung	☐	Suchen Sie sich Verbündete mit Kommunikationstalenten – das lässt den Super-Strategen in Ihnen voll zur Geltung kommen.

Konfliktfähigkeit, Kritikfähigkeit und Krisenfestigkeit	⚠ ⚠	Werden Sie aufmerksamer, wenn Sie sich in die Distanzhaltung flüchten, weil Ihnen alles zu anstrengend wird. Legen Sie den Schalter um, der es Ihnen erlaubt, eine assoziierte, verantwortungsbewusste Haltung einzunehmen.
Einbindung nicht-konformer Mitarbeiter	⚠	Nicht-konforme Mitarbeiter können sich als Ihre besten Lehrmeister erweisen, wenn sie mit ihrem Verhalten auf einen Systemfehler hinweisen wollen. Prüfen Sie jedoch sorgfältig, ob ein solcher Fall vorliegt.
Sich und das eigene Team taktisch klug im System positionieren	⚠	Handeln Sie weniger eigennützig. Lassen Sie sich nicht überrollen und gehen Sie direkter vor.

☐   Exzellente Grundlagen sind vorhanden. Achten Sie jedoch darauf, dass Sie es nicht übertreiben, sonst schlagen Ihre Stärken ins Gegenteil um und Sie richten Schaden an (siehe Kap. 1.6).

⚠   Gute Grundlagen sind vorhanden. Es lohnt sich, sie weiter auszubauen.

⚠ ⚠   Hier besteht noch großes Entwicklungspotenzial. Aber Achtung: Hier gibt es nichts geschenkt, denn Sie arbeiten gegen Ihren Autopiloten.

3.6 Persönlichkeitsprofil Sechs: Der loyale Skeptiker im Führungs-Check der sozialen Kompetenz

Risikoanalyst – Vorsichtiger – Detektiv – Mr. Advocatus Diaboli

Lesen Sie zu diesem Persönlichkeitsprofil auch noch einmal den Steckbrief auf Seite 66/67.

Führen mit Vorsicht und Problembewusstsein

Menschen mit dem Persönlichkeitsprofil Sechs machen gern dort Karriere, wo ihre Talente zum Problemmanagement und zum Aufspüren von Gefahren und Risiken gefragt sind. Kein Persönlichkeitsprofil entwickelt so viel Energie bei der Lösung von Problemen und dem Meistern von schwierigen Situationen. Der loyale Skeptiker beleuchtet bei allen Dingen auch

Talente zum Problemmanagement und zum Aufspüren von Gefahren und Risiken

119

immer die Gegenseite und prüft intuitiv, ob etwas dagegen spricht (oder auch dafür), je nachdem, welche Botschaft von außen auf ihn zukommt. Er waltet nach dem Prinzip der Vorsicht und versucht, die Dinge, für die er Verantwortung trägt, so hinzubekommen, dass sie trotz aller möglichen Widrigkeiten Bestand haben. Sicherheit, Treue und Loyalität sind für den loyalen Skeptiker besonders wichtige Werte. Wenn er Führungsverantwortung trägt, hat er aufgrund seiner ausgeprägten Loyalität die Sicherung des Ganzen und den Fortbestand seines Verantwortungsbereiches immer im Blick.

Der loyale Skeptiker hat die Sicherung des Ganzen und den Fortbestand seines Verantwortungsbereiches im Blick

Der loyale Skeptiker gefällt sich in der Rolle des Risikoanalysten. Er weiß genau, dass er auf diesem Terrain allen anderen um Längen voraus ist. Sein hoch entwickelter analytischer Verstand hat ein Talent zum Multitasking – er kann sich auf mehrere Dinge gleichzeitig konzentrieren. Die Neigung seines Autopiloten, dem Gelingenden und Positiven zu wenig Aufmerksamkeit zu schenken und Gefahren und Risiken zu übertreiben, sind wichtige Themen. Wenn der Skeptiker sich entwickelt, bekommt er das zunehmend besser in den Griff.

Hinweis: Beim Persönlichkeitsprofil Sechs werden zwei Untertypen unterschieden. Die ängstliche (phobische) Sechs reagiert auf Gefahrenimpulse, indem sie in Deckung geht. Die „kontraphobische" Sechs dagegen steuert auf die Gefahr zu und bekämpft sie präventiv. Ihr Autopilot lässt Ängste nur selten bis ins Bewusstsein vordringen. Im Verhalten ähnelt die kontra-phobische Sechs der Acht, dem Boss: Sie ist dominant und kontrollierend, allerdings handelt sie nicht impulsiv aus dem Bauch heraus, sondern aus einer Position mentaler Überlegenheit. Manchmal überschätzt sie sich dabei jedoch.

Die beiden Untertypen können daher – trotz gleicher Grunddisposition – sehr unterschiedliche, manchmal sogar gegenläufige Reaktions- und Handlungsmuster zeigen. Manche loyalen Skeptiker zeigen situationsbedingt sowohl das Verhalten der phobischen wie auch der kontra-phobischen Sechs.

Ein Karrierebeispiel aus dem Profitbereich:
Larissa, 42, Mitglied der Geschäftsleitung eines Möbel- und Einrichtungsgeschäfts: Ich arbeite seit mehr

als zehn Jahren hier und bin vor fünf Jahren in die Geschäftsleitung aufgerückt. Ich habe Betriebswirtschaft studiert und bin für Finanzen, Buchhaltung und Controlling zuständig. Außerdem habe ich auf mein Betreiben auch noch den Bereich Sicherheit übernommen. Mein Mann sagt, ich sei ein Arbeitstier und könne ohne Probleme nicht leben. Ich finde, er übertreibt maßlos, aber irgendetwas wird schon dran sein (*lacht*).

Wir sind schon ein interessantes Team in der Firma. Die beiden Inhaber, die mit mir die Geschäftsführung ausüben – ein Dreier-Erfolgsmensch und ein Siebener-Optimist –, sind, glaube ich, ganz froh, dass sie mich haben. Sie sagen, wo sie hinwollen, und ich sage, ob und wie das geht. Ich habe kein Problem damit, mich unbeliebt zu machen (*lächelt*). Oder sagen wir ehrlicherweise, nicht mehr. Seit ich das Gefühl habe, dass meine Position anerkannt und meine Person nicht in Frage gestellt wird, kann ich erst wirklich zur Hochform auflaufen. Ich entdecke die Dinge, die gegen ein neues Projekt sprechen, ziemlich schnell und bringe das dann auf den Tisch. Wir haben ein richtiges Ritual entwickelt: Die planen und dann komme ich und specke ab oder lenke in machbare Bahnen. In unserem neuen Personalchef habe ich Verstärkung erhalten. Er ist ziemlich offensichtlich ein Einser-Perfektionist, ein integerer Mann mit viel Erfahrung. Viele Dinge beurteilen wir ähnlich.

Meine Zukunftspläne? Mit 50 mit meinem Mann in einem netten Häuschen im Hinterland der Côte d'Azur sitzen und das Leben genießen. Aber ich habe da so meine Bedenken, ob ich das hinkriege. Ich werde dann wohl freiberuflich – vielleicht als Unternehmenssaniererin – noch ein bisschen dazuverdienen ...

Authentisch führen aus der Sicht des loyalen Skeptikers

Tragen Menschen mit dem Profil Sechs Führungsverantwortung, müssen sie permanent einen Drahtseilakt meistern. Zum einen wollen sie für Sicherheit und Zusammenhalt sorgen, damit alle produktiv und effektiv zusammenarbeiten. Zum anderen stochern sie beständig nach verborgenen Absichten, lauernden Gefahren und Risiken, was bei den Mitarbeitern (und auch bei anderen) Verunsicherungen auslösen kann.

Drahtseilakt, eine förderliche Arbeitsatmosphäre durch die permanente Suche nach Risiken nicht zu gefährden

Authentizität heißt für loyale Skeptiker, bei der Abwägung des „Für und Wider" oben auf dem Seil zu bleiben und nicht abzustürzen. Sie versuchen vorzuleben, dass man den Gefahren der Welt trotzen und an ihnen wachsen kann.

Der loyale Skeptiker belohnt Treue und Disziplin und bekämpft Illoyalitäten – manchmal indirekt, manchmal offen, je nachdem, ob es sich um die phobische oder die kontra-phobische Ausprägung handelt. Es ist oft schier unglaublich, was der Skeptiker in der Führungsrolle alles aushalten kann. Ein bestimmtes Maß an Problemen scheint fast nötig zu sein, um überhaupt Schaffensenergie zu entwickeln. Eine gut entwickelte Führungskraft mit dem Profil Sechs hat gelernt, ihre Ängste und Besorgnis nach außen hin zu kontrollieren und ihnen nicht ungeprüft aufzusitzen. Sie nutzt sie quasi als „Antenne" und analysiert dann, ob ihr erster Eindruck wirklich zutrifft. Sie glaubt ihren spontanen Bedenken nicht blind, sondern ist weiterhin fähig, Vertrauensvorschuss zu geben. Sie nimmt Rat von außen an und hat gelernt, auch im Zustand des Zweifelns noch zu delegieren.

Ein bestimmtes Maß an Problemen scheint fast nötig zu sein, um überhaupt Schaffensenergie zu entwickeln

Empathicus Interruptus mit Potenzial

Menschen mit dem Persönlichkeitsprofil Sechs verfügen eigentlich über gute Grundlagen für Empathie. Sie kommen vor allem dann zur Geltung, wenn das Gegenüber Probleme hat. Der loyale Skeptiker kann sehr gut mitfühlen, wie es ist, wenn etwas schiefgegangen ist. Dann ist keine Skepsis mehr nötig, sondern praktische Problembewältigung. Er ahnt es oft schon im Voraus, wenn sich ein Problem anbahnt, und steht dann „Gewehr bei Fuß", um beim Krisenmanagement zu unterstützen. Gebremst wird die Empathiefähigkeit des Skeptikers durch die Eigenart seines Autopiloten, erste Eindrücke stets und grundsätzlich infrage zu stellen. Der Vorgang des „Mitfühlens" wird durch den Situations-Check bzw. eine kopfgesteuerte Analysephase zunächst unterbrochen, im Extremfall geht der Kontakt zum Gegenüber ganz verloren. Man kann beim loyalen Skeptiker von einem „Empathicus Interruptus" sprechen, dessen Potenzial noch nicht voll ausgeschöpft ist.

Da erste Eindrücke grundsätzlich infrage gestellt werden, ist die Empathiefähigkeit gebremst

ISA, 60, VORSITZENDE EINES VEREINS ZUR FAMILIENHILFE:
Meine Kolleginnen und Kollegen sagen immer: *„Du mit*

deinem Katastrophen-Riecher, du hättest Trüffelschwein werden sollen oder Lawinenhund. "Wenn alles im Lot ist, springt meine Aufmerksamkeit oft hin und her. Wenn aber ein Problem auftaucht, kann ich mich ganz und gar auf diese eine Sache konzentrieren oder auf andere eingehen. Habe ich jedoch zu viel Zeit zum Nachdenken, werde ich nervös und neige dazu, mich (und andere) aus dem Konzept zu bringen. *(Der letzte Satz gilt nur für die phobische Sechs.)*

Tipp *Gewinnen Sie etwas Abstand zu Ihrem inneren Zweifler und Bedenkenträger, wenn Sie gerade mitten in einem Prozess stecken, der Empathie von Ihnen erfordert.*

Perspektivwechsel im Sekundentakt

Der Autopilot des loyalen Skeptikers ist geradezu auf Perspektivwechsel geeicht. Bei diesem Thema sozialer Kompetenz ist der loyale Skeptiker in seinem Element. Er beleuchtet die Dinge von allen Seiten und versucht, Hintergründe und verborgene Motive bei anderen auszuforschen. Dabei wird kaum eine Perspektive ausgelassen. Leider neigt der Autopilot – vornehmlich der phobischen Sechs – zu einer Fokussierung auf die negativen Dinge sowie zu Projektionen. Er interpretiert Dinge in andere Perspektiven und Personen hinein, die nicht der Wirklichkeit entsprechen.

Neigung, die negativen Wahrnehmungen zu betonen und entsprechend zu projizieren

Vernachlässigt der Skeptiker den Realitätsabgleich, können massive Fehleinschätzungen die Folge sein, was zu Missverständnissen oder Blockaden führen kann. Der kontra-phobische Skeptiker verfügt über eine stärkeres Selbstbewusstsein und geht wesentlich rationaler und kontrollierter an die Dinge heran. Er hat sich stets im Griff und kommt daher etwas leichter zu einer Entscheidung.

> **Isa, 60, Vorsitzende eines Vereins zur Familienhilfe:**
> Ich wechsle die Perspektive oft schneller, als andere denken können. Ich beleuchte die Dinge von allen Standpunkten aus und bin parallel vielleicht noch damit beschäftigt, die Ablage zu machen.

> Manche Menschen sind für mich aber schwer auszurechnen. Unser Kassenwart zum Beispiel, der braucht mich nur scharf anzugucken und ich denke, gleich bläst er zum finalen Schlag gegen mich. Dabei hat er mir schon oft versichert, wie sehr er meine Arbeit schätzt. Aber trotzdem ...

TIPP *Oft gerät bei dem loyalen Skeptiker der wichtige erste Impuls unter die Räder und er verheddert sich dann in langwierigen Abwägungsprozessen. Widmen Sie der Beachtung des ersten Impulses mehr Aufmerksamkeit, auch wenn Sie anschließend noch eine sorgfältige Detailprüfung vornehmen.*

Lieblingsrolle Opposition

Rollenwechsel stehen bei dem loyalen Skeptiker nicht gerade hoch im Kurs, denn seine Lieblingsrolle ist die Opposition. Aufgabe der Opposition ist es, darauf aufzupassen, dass die Regierenden ihre Macht nicht missbrauchen. Und niemand hat ein solches Argusauge darauf wie der Skeptiker. Gleichzeitig neigt er aber auch zu einer gewissen „Obrigkeitshörigkeit".

In ein Team integriert, übernimmt der Skeptiker gern Verantwortung

Die Regierungsrolle hingegen bedeutet, selbst für alles die Verantwortung zu tragen und den Kopf hinhalten zu müssen. Das kann gut gelingen, wenn der Skeptiker in ein Team eingebettet ist, das loyal zusammenhält und kein Wort über Interna nach außen dringen lässt. Der Erfolgsdruck in der ersten Führungsreihe kann den Skeptiker aber auch blockieren, vor allem, wenn es um Entscheidungen mit weit reichenden Konsequenzen geht. Der Skeptiker fühlt sich in hierarchischen Strukturen grundsätzlich recht wohl, denn diese vermitteln Sicherheit.

Erledigt viele Dinge lieber selbst

Er tut sich schwer mit dem Delegieren, vor allem dem rechtzeitigen Delegieren. Er erachtet es als Zeichen von Schwäche und ähnlich wie das Persönlichkeitprofil Eins, der Reformer, erledigt er viele Dinge lieber selbst, denn dann weiß er, dass sie so erledigt sind, wie er es sich vorstellt. Auch hier unterscheidet sich die kontra-phobische Sechs wieder in ihrem Verhalten: Sie geht grundsätzlich Risiken herausfordernder an und gibt ihre Deckung nach bestmöglicher Lageeinschätzung auch gern auf, stellt sich in die Schusslinie und sucht das Risiko, wenn es nach ihrer Meinung beherrschbar ist.

TIPP *Werden Sie sich bewusst, dass Ihr Autopilot ein Faible für negative Rollen hat, und entwickeln Sie Lust an positiven Rollen. Sie werden überrascht sein, wie sich Ihre Außenwirkung verändert!*

Ein sorgenvoller und energiegeladener Blick in die Zukunft

Der loyale Skeptiker macht sich viele Sorgen um die Zukunft. Eine sichere Zukunft ist nicht selbstverständlich. Man muss sie sich hart erarbeiten. Wird der Skeptiker im Alltag vor Probleme gestellt, gibt er sein Bestes, um diese in den Griff zu bekommen. Er sucht nach Lösungen und entwickelt dabei eine beachtliche Energie. Eine problemfreie Gegenwart stellt für ihn fast eine Unterforderung dar. Solange der Skeptiker das Gefühl hat, über ausreichend Kompetenzen und Einflussmöglichkeiten zu verfügen, um die Probleme zu lösen, geht es ihm gut und er arbeitet hoch produktiv. Ist dies nicht der Fall, kann er in eine innere Blockadesituation kommen. Bei strategischen Entscheidungen helfen ihm gute Berater, nicht zu negativ zu denken und im „richtigen" Augenblick initiativ zu werden. Mit langem Atem bleibt er bei wichtigen Dingen am Ball und lässt sich nicht unterkriegen. Das gehört zu seinen größten Talenten, was in der Führungsverantwortung sehr wichtig ist. Zur kontra-phobischen Sechs gehört auch ein gewisser Grundoptimismus (sie nimmt ihre Ängste ja meist gar nicht wahr), der sie mit Sorgen relativ gelassen umgehen lässt.

Eine problemfreie Gegenwart stellt fast eine Unterforderung dar

LARISSA, 42, MITGLIED DER GESCHÄFTSLEITUNG EINES MITTELSTÄNDISCHEN MÖBEL- UND EINRICHTUNGSGESCHÄFTS: Neulich habe ich mich den ganzen Tag im Geschäft mit Dingen herumgequält, die mir große Sorgen bereiten. Das hat sich dann irgendwie auch auf die privaten Gedanken übertragen. Als ich im Auto saß, kamen mir große Bedenken, ob die Entscheidung für die Renovierung unseres Hauses und gegen einen Neubau richtig war und ob wir nicht doch lieber ins Baltikum reisen sollten statt an das brüllend heiße Mittelmeer. Ich bin zuhause bei meinem Mann ins Büro gerauscht und habe gesagt: *„Ich mache mir da große Sorgen wegen ein paar Sachen ...".* Er saß gerade an der Steuererklärung, hat mich angelächelt und gesagt: *„Pack sie zu den anderen, ich kümmere mich später darum!"*

TIPP *Lassen Sie es gar nicht erst zu einem Sorgenstau kommen. Hängen Sie Ihre Sorgen zum Lüften auf die Leine. Formulieren Sie Sorgen und Befürchtungen in etwas Positives um, Sie wissen doch, man kann die Sachen aus verschiedenen Blickwinkeln heraus betrachten. Lernen Sie, anhand Ihrer eigenen Erfolgsgeschichten sich selbst und Ihren eigenen Entscheidungen mehr zu vertrauen.*

Souveräne Krisenmanager, aber labil bei persönlichen Konflikten

Im Krisenmanagement erweist sich der loyale Skeptiker als wahrer Meister – wenn er über ausreichend Rückendeckung und loyale Mitstreiter verfügt. Kein Profil hat ein so ausgeprägtes Talent dafür, die berühmte „Stecknadel im Heuhaufen" zu finden. Nicht umsonst sind die erfolgreichsten Unternehmenssanierer oder „Troubleshooter", wie man sie auch nennt, Skeptiker. Mit dem Rücken zur Wand oder wenn kaum noch Aussicht auf Erfolg besteht, tun sie oft das entscheidend Richtige zum richtigen Zeitpunkt.

Die erfolgreichsten „Troubleshooter" und Unternehmenssanierer

Der Umgang mit Kritik fällt ihnen hingegen nicht leicht. Der Reflex ihres Autopiloten, auch auf Kritik mit einem *„Ja, aber"* zu reagieren, lässt sich nur schwer beherrschen. Und dieses *„Ja, aber"* kommt beim Gegenüber oft so an, als würde es überhaupt nicht wahrgenommen mit seinem Anliegen.

Ihr angeborener Widerspruchsgeist lässt sie Kritik nur schwer ertragen

Als Sender von Kritik verheddert sich der Skeptiker oft durch viel zu komplizierte Formulierungen. Vor allem in Konfliktfällen kann dies zur Achillesferse werden, da es die anderen Beteiligten verunsichert und konstruktive Ansätze erschwert.

GIOVANNI, 46, LEITER EINES KOMMUNALEN ABFALLENTSORGUNGSDIENSTES: Meine Sternstunden schlagen bei Streiks oder in ähnlichen Situationen, wo alles zusammenzubrechen droht. Da habe ich schon so manches Mal die Lage gerettet. Aber ich investiere auch viel Zeit und Energie in die Prävention.

Wenn ich Kritik übe und in meinem gesamten Kommunikationsverhalten halte ich mich anders als früher an die Bergpredigt: *„Deine Worte seien ‚ja' oder ‚nein', was dazwischen liegt, kommt vom Bösen."*

TIPP *Vernachlässigen Sie in Konfliktfällen die Kommunikation nicht. Beweisen Sie sich als „aktiver Zuhörer" und vermeiden Sie grundsätzlich jede „Ja, aber"-Floskel. Drücken Sie sich klar und einfach aus, verzichten Sie auf Wiederholungen und jedes überflüssige Wort. Und vergessen Sie nicht, sich über Ihre Gefühle klarzuwerden und sie anderen auch mitzuteilen.*

Wenn hier einer nicht-konform ist, dann bin ich das

Aufgrund ihrer ambivalenten Grundhaltung scheinen Menschen mit dem Profil des Skeptikers die Rolle des „Nicht-Konformen" für sich gepachtet zu haben. Verhält sich nun jemand anderes nicht-konform, spürt er genau hin: *„Bringt da jemand etwas zum Ausdruck, was ich auch so empfinde?"* Dann fühlt er eine Verbundenheit und versucht, zu unterstützen oder Allianzen zu schmieden. Hat er dieses Gefühl nicht, empfindet er den Betreffenden als Bedrohung und neigt zu Rivalitäten, Kampf oder Ausgrenzung. Den Blick auf die möglichen positiven Absichten zu lenken, hilft ihm, mit nicht-konformem Verhalten konstruktiv und souverän umzugehen und es nicht persönlich zu nehmen.

Der Skeptiker ist von Natur aus nicht-konform

TIPP *Entwickeln Sie einen liebevollen Blick auf Menschen, die sich nicht konform verhalten. Fühlen Sie sich in sie ein und fragen Sie sich, was Sie an ihrer Stelle tun würden. Gerade Sie sollten fähig sein, Verständnis aufzubringen und Lösungen aufzuzeigen.*

Die Kunst, als graue Maus zu reüssieren

Der loyale Skeptiker hat ein Gespür dafür, für sich und seine Leute einen sicheren Platz im Gesamtsystem zu schaffen, und versteht es dabei, geschickt zu taktieren. Allerdings verwechselt er den sicheren Platz mit dem optimalen Platz. Sichere Plätze sind jedoch häufig suboptimal, bedeutende Ressourcen liegen brach, was zu Unzufriedenheit bei den Mitarbeitern führen kann. Der optimale Platz ist immer auch mit einem Restrisiko verbunden, weil man dort sichtbar ist und sich von der Masse abhebt, was z.B. interne Neider wecken kann.

Gefahr, den sicheren Platz mit dem optimalen Platz zu verwechseln

Lernen, mit dem Restrisiko zu leben

Beim politischen Taktieren im Alltag kommt der Skeptiker zumeist aus einer kontrollierten Defensive. Hat er jedoch das Gefühl, das System steuert auf eine Katastrophe zu, wagt er sich aus der Deckung und will den Kurs korrigieren, koste es, was es wolle. Auf diplomatische Raffinessen legt er dann keinen Wert mehr.

TIPP *Stellen Sie sich vor, Sie hätten Ihr Ziel bereits erreicht und alle Klippen gemeistert. Analysieren Sie, welche Faktoren hilfreich waren, dorthin zu kommen. So verlieren Sie den „roten Faden" nicht und wirken einladend auf die anderen Beteiligten. Nutzen Sie Ihr analytisches Talent und Ihr Einfühlungsvermögen, um eine laufende Ist-Kontrolle vorzunehmen und wünschenswerte Veränderungen gezielt anzugehen. Binden Sie dabei Ihre Mitarbeiter aktiv ein – auch wenn Sie ein Restrisiko in Kauf nehmen müssen. Durch Delegation verbessern Sie das Arbeitsklima und den Teamerfolg.*

Die sieben Kriterien für soziale Kompetenz im Überblick

Kriterien für soziale Kompetenz	Entwicklungspotenziale	Was für den loyalen Skeptiker konkret zu lernen ist
Empathie-Fähigkeit	⚠	Lernen Sie im Kontakt mit anderen, sich ganz einzulassen, ohne Vorbehalte, und lassen Sie sich dabei nicht von Ihren Bedenken irritieren.
Fähigkeit zum Perspektivwechsel	☐	Schauen Sie aus jeder Perspektive auch auf das Positive und beachten Sie Ihren ersten Impuls, wenn es um Entscheidungen geht.
Fähigkeit zum Rollenwechsel	⚠	Entwickeln Sie Lust und Freude an positiven Rollen.
Lösungsorientierung und strategische Ausrichtung	⚠	Entleeren Sie von Zeit zu Zeit Ihren „Sorgensee" und lernen Sie, negative Impulse umzuformulieren.
Konfliktfähigkeit, Kritikfähigkeit und Krisenfestigkeit	⚠	Üben Sie sich in Einfachheit, mit Formulierungen ohne Schnörkel, Ergänzungen und Einschränkungen. Und üben Sie sich darin, Rat und Hilfe wirklich anzunehmen.

Einbindung nicht-konformer Mitarbeiter	⚠	Lernen Sie, nicht-konform handelnde Mitarbeiter zu respektieren, und prüfen Sie, ob diese sogar eine positive Absicht haben. Sie sollten kein Problem haben, das herauszufinden.
Sich und das eigene Team taktisch klug im System positionieren	⚠ ⚠	Betrachten Sie die Dinge von einem Punkt in der Zukunft aus, wo alles zu einem guten Ende gekommen ist. Das macht Sie ruhiger und lässt Sie entspannter wirken.

☐ Exzellente Grundlagen sind vorhanden. Achten Sie jedoch darauf, dass Sie es nicht übertreiben, sonst schlagen Ihre Stärken ins Gegenteil um und Sie richten Schaden an (siehe Kap. 1.6).

⚠ Gute Grundlagen sind vorhanden. Es lohnt sich, sie weiter auszubauen.

⚠⚠ Hier besteht noch großes Entwicklungspotenzial. Aber Achtung: Hier gibt es nichts geschenkt, denn Sie arbeiten gegen Ihren Autopiloten.

3.7 Persönlichkeitsprofil Sieben: Der Optimist im Führungs-Check der sozialen Kompetenz

Visionär – Innovator – Genießer – Mr. Win-win

Lesen Sie zu diesem Persönlichkeitsprofil auch noch einmal den Steckbrief auf Seite 68/69.

Führen an der langen Leine

Menschen mit dem Persönlichkeitsprofil Sieben sind fantasiebegabt, voller Optimismus und spielen mit einer möglichst großen Vielfalt an Optionen. Dabei sind sie darauf bedacht, dass sie keine Gelegenheit verpassen. Der Optimist entwickelt Ideen und Möglichkeiten in atemberaubendem Tempo. Er ist im Alltag praktisch veranlagt und produktiv. Er lernt sehr schnell und hat meistens eine Vielzahl von Projekten gleichzeitig am Laufen. Seine Aufmerksamkeit geht in die Zukunft. Dazu macht er Pläne, aber nicht unbedingt, um diese dann auch alle umzusetzen, sondern, um die gefühlte Freiheit der Auswahlmöglichkeiten zu haben.

Ideen und Möglichkeiten in atemberaubendem Tempo

Die Aufmerksamkeit geht in die Zukunft

Aus der Euphorie heraus überschätzt er manchmal die eigenen Fähigkeiten

Durch seine Experimentierfreudigkeit findet der Optimist häufig raffinierte Möglichkeiten, um Hindernisse zu umgehen. Die Gefahr dabei ist, dass er manchmal Ideen mit Tatsachen verwechselt. Aus der Euphorie heraus überschätzt er bisweilen die eigenen Fähigkeiten. Vielfältige Anregungen und neue Wege sind immer interessant, Routinetätigkeiten sind verhasst. Schwierigkeiten stellen sich ein, wenn es ums Detail geht.

KARIN, 49, GESCHÄFTSFÜHRERIN: Besonders schnell langweilig wird es mir, wenn ich immer dasselbe machen muss, wie Rechnungen schreiben. Als ich noch keine Mitarbeiter hatte, rief mich die Bank einmal an, und fragte, ob meine Geschäfte denn so schlecht gingen. Ich hatte ein halbes Jahr keine Rechnungen mehr geschrieben. Das langweilt mich einfach.

Ein Karrierebeispiel aus dem Nonprofitbereich

DIRK, 38, GESCHÄFTSFÜHRENDER GESELLSCHAFTER: Beim Studium des Hauptfachs Trompete wurde mir schnell klar, dass es viele Kommilitonen gab, die begabter waren als ich. Also suchte ich nach neuen Ideen, die ich im Aufbaustudiengang Kulturmanagement fand. Ich managte Projekte in Luxemburg im Rahmen der Kulturhauptstadt Europas und fand Gefallen daran. Ich konnte Kultur und Management zusammenbringen. Das war faszinierend. An der Musikhochschule in meiner Heimat gab es inzwischen auch einen Studiengang für Kulturmanagement. Als zwei Professoren gingen, wurde ich mit der Leitung des Studiengangs beauftragt, die ich fünf Jahre innehatte.

Einer der Studenten hatte viel Erfahrung mit dem Internet. Wir gründeten ein Web-Portal. Die ersten zwei Versuche scheiterten. Die potenziellen Kunden waren noch nicht so weit wie wir. Erst als wir eine Existenzgründung mit einem professionellen Businessplan und klarer Fokussierung auf Zielgruppen und Produkte aus der Uni heraus starteten, gelang es. Heute ist es das größte und bedeutendste Kulturmanagement-Portal der Welt.

Nach drei Jahren als Mitarbeiter für Public Relations und Marketing einer Universität gründete ich ein Beratungsunternehmen für Kultureinrichtungen. Die internationale Lehrtätigkeit in fast allen einschlägigen Studiengängen bereitete mir viel Freude und brachte erste Aufträge. Als Trainer machte ich dann Führungs-, Präsentations- und Verhandlungstrainings in Wirtschaftsunternehmen. Mit einem Mentor, der mir Strukturen zeigte und sonst Freiraum ließ, gelang das exzellent.

Vor einer Woche gingen wir eine Kooperation mit dem größten amerikanischen Beratungsunternehmen für Kulturwandel in Organisationen ein. Übermorgen präsentiere ich unser Konzept beim Vorstand eines Telekommunikationskonzerns.

Jetzt habe ich das Gefühl, dass die Einzelteile allmählich zusammenkommen und ich mit meinen hohen Idealen für die Sache der Kultur auch in Wirtschaftsunternehmen den positiven Einfluss nehmen kann, von dem ich immer geträumt habe.

Authentisch führen aus der Sicht des Optimisten

Der Optimist mag keine Hierarchien. Er möchte am liebsten, dass alle gleich sind und es keine hierarchischen Unterschiede und Weisungsbefugnisse gibt. Seine größte Stärke besteht darin, Dinge miteinander zu verknüpfen, die für viele andere Menschen noch gar nicht zusammengehören. Er kann verschiedene Arten von Informationen, Daten, Fakten und Ideen in seine Pläne integrieren und in ein zusammenhängendes Schema bringen, sodass am Ende etwas Neues entsteht. Er verbreitet gute Stimmung und schätzt ein schnelles Tempo bei seinen Mitarbeitern.

Der Optimist mag keine Hierarchien

Er gibt nicht gerne Anweisungen, sondern bevorzugt eher das Lockende, Verführende und Begeisternde an einem Thema. Als Führungskraft legt er Wert darauf, eine Vision zu haben, wo es hingehen soll. Im Alltagsgeschäft hingegen wechselt der Optimist jedoch sehr schnell den eigenen Standpunkt. Auf andere wirkt dieses Verhalten, das für ihn authentisch und legitim ist, eher irritierend.

Er gibt ungern Anweisungen und will lieber für seine Vision begeistern

ANDREAS, 34, FORSCHUNGSLEITER: Ich bin theoretischer Physiker. Wenn man so arbeitet, dass auf a dann b folgt,

131

auf b dann c und auf c dann d, findet man nie etwas Neues, etwas wirklich Interessantes. Letztlich kommt es auch da auf Intuition an. Und darauf, die Sachen in der abstrakten Weise zu durchschauen. Das können mathematische Gleichungen sein, die man in intuitiver Weise zusammenfügt, umformt oder erweitert. Das ist kein Kochrezept, würde ich sagen, aber so sehe ich alle Sachen, die ich angehe.

Empathie – soweit ich Lust dazu habe

Gespräche führt der Optimist gern. Er ist immer offen für den Dialog mit anderen. Er ist wortgewandt und überzeugend und schätzt Mitarbeiter, bei denen er dies ebenfalls vorfindet. Er ist mit der Aufmerksamkeit jedoch mehr bei sich als bei seinem Gesprächspartner, von daher ist Empathie nicht unbedingt seine große Stärke. Statt sich wirklich auf andere Menschen einzulassen, möchte die Sieben die anderen mit ihrer guten Stimmung mitreißen.

Der Optimist möchte andere weniger verstehen als vielmehr mitreißen

Der Optimist führt aus der Mitte des Teams heraus mit unerschöpflichem Einsatz. Diesen erwartet er dann auch von seinen Mitarbeitern, die sich dem dann auch schwerlich entziehen können. Mit negativen Gefühlen tut er sich schwer. Er neigt dazu, Probleme aus dem Weg zu gehen. Er möchte alle im Team zufrieden stellen, sich aber nicht zu tief auf schmerzliche Gefühle und Erfahrungen einlassen. Und lässt er sich doch ein, zieht er ziemlich schnell die Reißleine.

Er führt aus der Mitte des Teams heraus

Der Autopilot des Optimisten blendet die negative Seite menschlichen Empfindens gewohnheitsmäßig aus. Das begrenzt seine Empathiefähigkeit erheblich.

JÖRN, 37, PROJEKTLEITER: Speziell wenn Leute mir direkt unterstellt sind, suche ich das Gespräch von Zeit zu Zeit, sobald ich merke, dass etwas nicht richtig funktioniert. Das kann manchmal zu spät sein, man kriegt es ja nicht sofort mit. Eine Mitarbeiterin bemängelte wiederholt, dass sie nicht genügend Aufmerksamkeit bekäme. Erst als ich mich bewusst darauf einließ, merkte ich, wie aufgewühlt sie wirklich war. Das Ganze hatte viel mehr Substanz, als ich am Anfang gedacht hatte und hat mich sehr zum Nachdenken gebracht.

TIPP *Setzen Sie sich mit negativen Gefühlen und Schmerz auseinander. Das Leben wird ohnehin dafür sorgen, dass Sie sich irgendwann diesem Thema zuwenden. Und es ist einfach angenehmer, wenn man es aus freien Stücken tun kann und nicht der Not gehorchen muss.*

Aus freien Stücken kann ich mir jede Perspektive zu eigen machen

Unbegrenzte Möglichkeiten sind das Lebenselixier von Profil Sieben. Mit der Gewohnheit, sich immer wieder von neuen Dingen faszinieren zu lassen, ist jedoch nicht sichergestellt, dass der Optimist auch die Perspektiven einnimmt, die für das Funktionieren und Überleben der Organisation notwendig sind. Der Optimist möchte selbst bestimmen, welche Perspektiven er sich zu eigen macht und welche nicht.

Manchmal gibt es jedoch Dinge, die nur auf eine bestimmte Art und Weise gemacht werden können, z.B. weil es gesetzliche Regelungen gibt, die keinen Spielraum zulassen, oder verbindliche Normen. Wenn es um die Umsetzung von Ideen geht, muss man Prozesse einführen, damit das Ziel auch erreicht werden kann. Festlegungen, Verbindlichkeit und Pflichtenhefte sind schwierige Themen für den Optimisten. Fühlt er sich gegen seinen Willen festgelegt, neigt er auch schon mal zu offener Rebellion.

Festlegungen, Verbindlichkeit und Pflichtenhefte sind schwierige Themen

PETRA, 49, GESCHÄFTSFÜHRENDE GESELLSCHAFTERIN: Wenn ich im Mitarbeitermeeting eine große Vielfalt an Möglichkeiten aufzeige und dann ist da ein Mitarbeiter, der es genau und präzise benannt haben möchte und sagt: *„Es geht nur so oder so."* Oder: *„Das ist richtig oder falsch."* Da könnte ich ausrasten. Es gibt natürlich zwischen Richtig und Falsch noch 100.000 weitere Möglichkeiten. Und diese 100.000 Möglichkeiten liebe ich über alles.

TIPP *Eine wichtige Führungsqualität besteht darin, dass man andere Führungskräfte unterstützt. Selbst wenn man nicht voll mit ihnen übereinstimmt, kann eine Organisation nur funktionieren, wenn man sich offen mit Unstimmigkeiten auseinandersetzt, um dann an einem Strang zu ziehen.*

Klar, habe ich meine Lieblingsrollen

Freiheit geht dem Optimisten über alles

Der Optimist möchte sich nicht gerne festlegen. Freiheit geht ihm über alles und wer lässt sich schon gerne in seiner Freiheit einschränken? Da der Optimist aber auch dafür sorgen muss, dass Rollen und Verantwortungen klar definiert werden, wenn mehrere Menschen zusammenarbeiten, ist dies mit Sicherheit ein gutes Entwicklungsfeld.

Die Rolle des Optimisten als Innovator und Ideengeber ist bereits ausführlich gewürdigt worden, hier geht es um die Konstruktion von Strukturen, die für die Umsetzung von Ideen sorgen. Ein Projekt mit klarem Ziel, Zeitablauf, Meilensteinen, Budget, Risikoanalyse, Risikominimierung, Projektumfeldanalyse, definierten Rollen und Verantwortlichkeiten ist eine solche Struktur. Diese wird dann gerade von den Führungskräften zu respektieren sein. Umso verwunderlicher folgender Originalton eines Projektleiters:

> JÖRN, 37, PROJEKTLEITER: Meilensteine im Projekt sind für mich eher ein Anhaltspunkt als eine feste Regel. Ich denke, wenn ich mit größeren Teams von beispielsweise 100 Leuten arbeiten müsste, dass ich wesentlich verbindlicher mit Meilensteinen umgehen würde. Ich weiß aber nicht, ob das meiner Persönlichkeit entspricht. Wenn ich meine, dass die Idee gut und der Markt da ist für das Projekt, an dem ich arbeite, dann interessieren mich die kleineren oder mittleren Probleme in der Zwischenzeit nicht übermäßig.

TIPP *Die Fokussierung auf die Struktur und die konkreten Schritte zur Erreichung der Ziele bringt vielleicht nicht so viel Spaß wie ein prozessorientiertes Vorgehen, aber mehr Qualität und weniger Reibungsverluste bei der gemeinsamen Umsetzung.*

Meister des Erfindens einer positiven Zukunft

Die Zeit der Internet-Euphorie Ende der Neunzigerjahre war ein Eldorado für jeden Optimisten. Die Vorstellung, wie das Internet unser gesamtes Geschäftsverhalten und die Kommunikation weltweit verändern würde, eröffnete Spielräume für die Qualitäten des Optimisten. Da er jedoch fast darauf angewiesen ist, dass andere die Ideen umsetzen und zu einem wirtschaftlichen Erfolg führen, ist eine Reihe Siebener-Firmengründer aus dieser Zeit gescheitert. Wenn sie nicht konsequent Leute ins Unternehmen geholt haben, die für die Umsetzung verantwortlich zeichneten, blieb vieles an guten Ideen auf der Strecke. Faszinierend ist die Tatsache, dass heute fast unser gesamtes Geschäftsverhalten in der globalisierten Wirtschaft durch das Internet auf den Kopf gestellt wurde. Dadurch, dass sich viele vom Werben der Innovatoren haben beeindrucken lassen, in der Folge dann viel Geld an der Börse verloren haben, ist den Innovatoren dieser Entwicklung die wohlverdiente Anerkennung versagt geblieben.

Viele Optimisten sind an der konkreten Umsetzung ihrer Ideen gescheitert

Dieses Beispiel steht stellvertretend für den Führungsstil des Optimisten. Er hat ein idealisiertes Selbstbild und sieht eigene Fehler nur schwerlich ein. Der klassische Konflikt besteht darin, dass vielversprechende Pläne schlecht ausgeführt wurden. Und zwar von anderen. Der Optimist fühlt sich dann durch die Unzulänglichkeiten von anderen in seiner Kreativität behindert.

Lösungen finden ist kein Problem – Unangenehmes wird einfach ausgeblendet

Wenn die Entwicklung von Ideen übertrieben wird, bleiben zwangsläufig viele Dinge im Anfangsstadium stecken. Ideen zu verwirklichen ist nicht die Stärke des Optimisten. Deswegen fühlt er sich am wohlsten in den Anfangsphasen von Projekten oder Unternehmungen.

In der Anfangsphase von Projekten fühlen sich Optimisten am wohlsten

> Karin, 49, Geschäftsführerin: Ich bin sehr wir-orientiert. Trotzdem setze ich mich nachts immer allein hin. Ich denke nach und mache das neue Konzept. Mit den Mitarbeitern pinne ich dann die einzelnen Inhaltspunkte an die Wand, erkläre, was ich damit möchte, und dann fangen die von alleine an zu fabulieren. Dann pinnt jeder seine Ideen, seine Gedanken an die Wand und in der Regel ist das gut. Die arbeiten es dann ab. Ich bin dann nur noch die Tänzerin zwischen den Stühlen und das mache ich sehr gerne.

Konflikten versucht der Optimist aus dem Weg zu gehen. Er ist ein Meister im Ausblenden von unangenehmen Dingen. Wenn

Meister im Ausblenden von Unangenehmem

er selber kritisiert wird, versucht er rationale „Ausreden" zu finden, warum die Kritik nicht gerechtfertigt ist.

> JÖRN, 37, PROJEKTLEITER: Es hat lange gedauert, bis ich erkannte, dass man durch Konflikte hindurchgehen kann und dass nachher die professionellen und persönlichen Beziehungen gestärkt daraus hervorgehen können. Früher habe ich mich gegen diese Einsicht gesperrt und bin den meisten Konflikten lieber ausgewichen.

TIPP *Stellen Sie sich der Kritik und stoppen Sie irgendwelche rationalen Erklärungen, die Sie daran hindern, sich wirklich darauf einzulassen.*

Willkommen im Club der „Nicht-Konformen"

Als Teamspieler versucht sich der Optimist dem Führen und Geführtwerden zu entziehen

Der Optimist ist grundsätzlich ein Teamspieler und versucht, sich dem Führen und Geführtwerden zu entziehen. Er wirft seine Ideen ins Team und erwartet, dass diese aufgegriffen und von den Mitarbeitern umgesetzt werden. Anweisungen geben oder jemanden dirigierend führen, der das braucht, ist nicht seine Stärke. Da er sich schnell von anderen faszinierenden Aufgaben auf eine neue Fährte locken lässt, wirkt er auf seine Mitarbeiter inkonsequent.

Optimisten lieben das Querdenken

Querdenker, die ähnlich wie er selber außerhalb der gewohnten Bahnen denken und viele Ideen entwickeln, mag der Optimist. Voraussetzung dafür ist jedoch eine konstruktive und spielerische Art im Umgang miteinander. Miesepeter und Spielverderber stehen nicht hoch im Kurs.

> KARIN, 49, GESCHÄFTSFÜHRERIN: Ich arbeite am liebsten im Team, mittendrin. Aber ich möchte selber entscheiden, was gut ist und was nicht. Ich brauche den Austausch und bin sehr wohl bereit, wenn jemand anders mich überzeugen kann, von meiner Meinung abzugehen und zwar ganz, ganz schnell. Als Führungskraft ist meine Rolle die der Koordinatorin. Ich bin eher die Gärtnerin. Gießen, wenn man gießen muss, beschatten, wenn man Schatten braucht, nach außen verkaufen, wenn was zu verkaufen ist. Gärtnerin ja – das Abarbeiten jedoch ist dann nicht so meins.

TIPP *Umgeben Sie sich mit Leuten, die anders denken und anders gestrickt sind als Sie. Schätzen Sie jene besonders, die Ihnen auch kritisch begegnen. Die bewusste Auseinandersetzung mit ihnen bringt für die Organisation mehr als innovative Alleingänge.*

Taktieren und das Team zu positionieren hat etwas mit der Vielfalt der Optionen zu tun

Der Optimist glaubt daran, dass sein Team gut positioniert ist, wenn die Ideen, die er entwickelt, von der Führung aufgegriffen und umgesetzt werden. Er setzt dabei zunächst auf seine Überzeugungskraft und seinen Charme. Ist er nicht erfolgreich, bedeutet es eine Kraftanstrengung, weiter am Ball zu bleiben und den richtigen Zeitpunkt abzupassen. Dafür ist der Optimist in der Regel viel zu ungeduldig. Insgesamt ist politisches Taktieren nicht seine Stärke.

Wenn seine Ideen nicht aufgegriffen werden, kostet es den Optimisten viel Kraft, weiter am Ball zu bleiben

JÖRN, 37, PROJEKTLEITER: Ich hatte in der Vergangenheit auch Führungskräfte, die keine Ideen erzeugt haben und vor allem auch die Ideen, die von Mitarbeitern kamen, nicht aufgenommen haben.

Dadurch wurde ich sehr unzufrieden. Ich war neun Monate in Asien für ein Projekt. Und während ich dort hart gearbeitet habe und viele Anstöße gegeben habe, was gemacht werden kann, hat sich von der Führung her nichts getan. Und letztendlich führte es dazu, dass die Mitarbeiter natürlich demotiviert sind und es im und um das ganze Team schlecht aussieht.

Die sieben Kriterien für soziale Kompetenz im Überblick

Kriterien für soziale Kompetenz	Entwicklungspotenziale	Was für den Optimisten konkret zu lernen ist
Empathie-Fähigkeit	⚠	Fokussieren Sie Ihre Aufmerksamkeit auf andere und stellen Sie sich auch unangenehmen Situationen und Gefühlen. Erst das ermöglicht Empathie.

Fähigkeit zum Perspektivwechsel	⚠⚠	Beziehen Sie Perspektiven anderer (kritischer) Menschen/Abteilungen ernsthaft in Ihre Überlegungen ein und nicht nur als weitere Option.
Fähigkeit zum Rollenwechsel	⚠	Bedenken Sie, dass in einer Organisation das Zusammenspiel nur funktioniert, wenn die Rollen definiert sind und alle sich daran halten, auch Sie selbst.
Lösungsorientierung und strategische Ausrichtung	☐	Konzentrieren Sie sich auf die Strukturen und die Prozesse, die für die Umsetzung Ihrer Ideen sorgen – das garantiert eine positive Zukunft.
Konfliktfähigkeit, Kritikfähigkeit und Krisenfestigkeit	⚠⚠	Stellen Sie sich den Konflikten. Die Beziehungen werden dadurch besser. Gehen Sie auf die unangenehmen Dinge zu und lassen Sie sich wirklich darauf ein.
Einbindung nicht-konformer Mitarbeiter	☐	Suchen Sie Kontakt zu Leuten, die sehr strukturiert arbeiten, dann überzeugen Sie mit Ihrem Enthusiasmus wirklich.
Sich und das eigene Team taktisch klug im System positionieren	⚠	Denken Sie daran: Wie das eigene Team gesehen wird, hängt nicht von der Anzahl der Ideen ab, die produziert werden, sondern vor allem davon, wie diese ausgeführt werden.

☐   Exzellente Grundlagen sind vorhanden. Achten Sie jedoch darauf, dass Sie es nicht übertreiben, sonst schlagen Ihre Stärken ins Gegenteil um und Sie richten Schaden an (siehe Kap. 1.6).

⚠   Gute Grundlagen sind vorhanden. Es lohnt sich, sie weiter auszubauen.

⚠⚠   Hier besteht noch großes Entwicklungspotenzial. Aber Achtung: Hier gibt es nichts geschenkt, denn Sie arbeiten gegen Ihren Autopiloten.

3.8 Persönlichkeitsprofil Acht: Der Boss im Führungs-Check der sozialen Kompetenz
Kämpfer – Machtmensch – Beschützer – Mr. Bad Guy

Lesen Sie zu diesem Persönlichkeitsprofil auch noch einmal den Steckbrief auf Seite 70/71.

Führen ist das Natürlichste der Welt

Führungskräfte mit dem Persönlichkeitsprofil Acht stehen in vielen Organisationen hoch im Kurs. Sie sind sehr direkt und brauchen wenig Worte. Sie haben eine Vorliebe fürs Handeln. Lange theoretische Diskurse mögen sie nicht. Sie sorgen dafür, dass die wichtigen Dinge getan werden. Sie sind bemüht, kompetente Leute an die richtigen Stellen in der Organisation zu bringen, und geben ihnen dann alle Handlungsvollmacht. Sie haben extrem viel Energie und bringen diese voll in den Beruf ein. Das erwarten sie dann aber auch von anderen.

Sie skizzieren das große Bild, die Strategie und delegieren sowohl die Ausführung als auch die dazu nötige Vollmacht an ihre Mitarbeiter. Trotzdem möchten sie gerne die Situation unter Kontrolle behalten. Es fällt ihnen leicht, Entscheidungen zu treffen, häufig geschieht dies „aus dem Bauch heraus".

Der Boss skizziert das große Bild und delegiert die Ausführung

Originalton eines Unternehmers: *„1992 hatte ich den Impuls, einen Teil meiner Firma nach China zu verlagern. Mein Banker konnte das nicht nachvollziehen. Er hatte so viel Angst um sein Geld, dass ich es mir woanders besorgen musste. Rückblickend kann ich sagen, dass es unternehmerisch die beste Entscheidung meines Lebens war. Wir haben heute in China 80 Prozent Marktanteil, ohne den wir unseren deutschen Standort längst hätten schließen müssen. So begründen konnte ich meine Entscheidung damals allerdings nicht."*

Dem Boss fällt es ungemein schwer, eine Situation zu akzeptieren, die er gerne anders hätte. Sich zu beugen und sich abzufinden zählt nicht zu seinen Talenten.

Ein Karrierebeispiel aus dem Profitbereich

HANS, 51, SELBSTSTÄNDIGER UNTERNEHMENSBERATER: Zunächst habe ich Sozialwissenschaften studiert, weil ich dazu beitragen wollte, die Ungerechtigkeiten in der Welt abzubauen. Nach dem Studium schaute ich mehr darauf, dass es mit den Individuen zu tun hat. Weil Menschen nicht wahrhaftig sind, gibt es diese Ungerechtigkeiten.

Also habe ich in einem amerikanischen Unternehmen gearbeitet, das sich als lernende Organisation begriff und dies zunächst bei den eigenen Mitarbeitern praktizierte. Was mich faszinierte, war die Bereitschaft von allen, nach Wahrheit zu suchen. Wahrheit über Menschen, Wahrheit über die Gesellschaft, über Spiritualität, über Kunst, über Wirtschaft. Danach habe ich ein Exportgeschäft in Russland betrieben, wohlgemerkt in den Achtzigerjahren. Das erforderte viele furchtlose Gratwanderungen.

Obwohl ich nie Organisationsberater und Trainer werden wollte, bin ich es heute. Meine wichtigste Fähigkeit ist, dass ich Menschen durch klare Strukturen einen sicheren Raum schaffe. Jeder weiß, was die Rahmenbedingungen (bis hin zu Details über technische Hilfsmittel, die gebraucht werden, und Pausen) und die Aufgaben sind, und los geht es. Durch den klaren Rahmen und den „sicheren Raum" (ich mag den Begriff) können sich Menschen viel besser einlassen. Dafür sorge ich.

Wenn ich in eine Organisation komme, sehe ich sofort das Gesamtbild der Struktur, der Firma, der Organisation. Meistens, das ist meine Erfahrung, greife ich dann an der richtigen Stelle ein. Ich bin da nicht detailverliebt und lege auch keinen Wert darauf, dass das philosophisch oder intellektuell bis ins Letzte durchdacht ist. Ich muss mich permanent in Aufgaben beweisen, wo der Rahmen zwar gegeben, die konkrete Situation aber immer sehr unübersichtlich ist. Da sehe ich sehr schnell, gleich in den ersten Minuten, worum es geht. Und da greife ich dann ein.

Authentisch führen aus der Sicht des Bosses

Für die Führungskraft mit dem Profil Acht geht es darum, die richtigen Weichen zu stellen. Bloß nicht zu sehr ins Detail gehen. Kompetente Leute – und mit anderen mag sie sich sowieso nicht umgeben – wissen, was zu tun ist. Den Boss interessiert das Ergebnis. Er testet gerne die Leistungsfähigkeit seiner Mitarbeiter. Da er selbst immer hundert Prozent Einsatz gibt, verlangt er dies auch von anderen. Dienst nach Vorschrift und die Suche nach dem Weg des geringsten Widerstands sind ihm zuwider.

Den Boss interessiert das Ergebnis

Um herauszufinden, für welche Meinung oder Position jemand steht, provoziert der Boss gern. Andere mögen das vielleicht nicht so, aber so kommt die Wahrheit ans Licht. Wenn er jemanden provoziert, möchte der Boss keine rationalen Erklärungen und auch nicht unbedingt emotionale Reaktionen. Was er braucht, um jemanden zu respektieren, ist, dass Energie zurückkommt, dass jemand Paroli bietet. Die Entgegnung darf

Respekt, wenn jemand Paroli bietet

durchaus etwas pointiert oder auch provokant sein. Damit steigt man im Ansehen.

Die Führungskraft mit dem Profil Acht erwartet von ihren Mitarbeitern Ehrlichkeit und Loyalität. Dazu braucht sie persönlichen Austausch. Nur über E-Mails lässt sich das schwer regeln. Sie möchte immer den Überblick behalten bzw. „Herr der Lage" sein. Andere mögen das als Kontrolle bezeichnen, der Boss würde das eher so beschreiben: *„Ich muss nicht die Kontrolle haben. Ich finde, dass Situationen unter Kontrolle sein sollten. Wenn sie außer Kontrolle geraten und jemand greift ein, kann ich mich durchaus zurückhalten. Nur wenn niemand etwas tut, dann übernehme ich eben die Führung."* Durch das feine Gespür für Macht und Kontrolle ist es jedoch häufig der Boss, der als Erster eingreift, bevor andere überhaupt eine Chance dazu haben.

Der Boss möchte immer Herr der Lage sein

Empathie als ganz große Herausforderung

Empathie ist nicht unbedingt die Stärke der Führungskraft mit dem Persönlichkeitsprofil Acht. Sie verabscheut Schwäche und ist selber darauf bedacht, die eigene Verletzlichkeit zu verbergen. Es bedeutet schon einen gewissen Entwicklungsweg für den Boss, sich wirklich emotional auf andere einzulassen. Im Grunde ist der Boss selbst ein sehr emotionaler Mensch. Weiche Emotionen sind jedoch häufig durch Ärger überlagert. Hier gilt wirklich das Sprichwort: Außen eine raue Schale – innen ein weicher Kern. Diesen möchte er niemandem zeigen, manchmal auch sich selbst nicht. Wenn die harte Schale einmal geknackt ist, kommt etwas zum Vorschein, was man am ehesten mit einem unschuldigen Kind assoziieren würde.

Weiche Emotionen sind häufig durch Ärger überlagert

Ein wichtiger Aspekt für den Boss ist Gerechtigkeit. Er nutzt gerne seine geradezu grenzenlose Energie und Kraft, um diejenigen zu schützen, die nicht die Kraft haben, sich selber zu ihrem Recht zu verhelfen. Und er tut kaum etwas lieber, als Menschen zu unterstützen, ihre eigenen Stärken zu entwickeln. Das basiert nicht auf dem, was wir landläufig als Empathie bezeichnen, hat aber eine ganz eigene Qualität, wie im folgenden Beispiel deutlich wird.

Der Boss nutzt seine Energie, Menschen zu unterstützen, ihre eigenen Stärken zu entwickeln

HANS, 51, UNTERNEHMENSBERATER: Wenn man Empathie so sieht wie viele andere Menschen – Gefühlsduselei und so –, dann habe ich keine. Will ich auch nicht. Bei mir geht das so: Ich sehe sehr schnell die Potenziale von Leuten und spreche sie auch direkt darauf an. Wie ich das mache? Ich sehe, wie jemand an die Dinge herangeht, wie jemand spricht, wie jemand körperlich im Raum steht. Du weißt, er ist ein Fachmann auf dem und dem Gebiet. Du kennst ein bisschen die Geschichte von ihm. Und dann passt das Bild einfach zusammen. Um das herauszufinden, stelle ich viele Fragen. Ich versuche dann das, was ich sehe und höre, positiv zu verstärken. Wenn das kein Mitgefühl ist?!

TIPP *Erlauben Sie sich den Zugang zu Ihrer eigenen Verletzlichkeit und lassen Sie sich auf die Gefühle ein, die unter dem Ärger liegen. Sie werden wirkliche Freundschaften und Partnerschaften voller Loyalität erfahren, wenn Sie Ihre Ungeduld im Umgang mit anderen zügeln und sich wirklich einlassen. In der Zusammenarbeit kommt am Ende dann auch mehr dabei heraus.*

Sich im Perspektivwechsel üben

Wenn die Richtung stimmt, ist der Boss nicht so sehr am Detail interessiert

Da der Boss nicht so sehr am Detail interessiert ist, möchte er sich auch gar nicht mit allen Perspektiven anderer Leute in der Organisation auseinandersetzen. Wenn klar ist, dass beispielsweise Qualität wichtig ist, dann wird sich der Boss dort nicht einmischen. Er möchte auch nicht alle Prozesse definieren, die zu guter Qualität führen. Das lässt er andere machen, die da mehr Kompetenz haben. Ähnlich wird es mit den Perspektiven anderer Abteilungen einer Organisation funktionieren. Der Boss möchte am Ende die Perspektiven zusammenführen können. Dazu braucht er einen Überblick, wo jeder steht, und lässt jedem seinen Freiraum.

Rollendefinitionen sind unwichtig – „Ich bin der Boss"

Regeln werden gerne auch schon einmal ignoriert

Selbst wenn klare Rollen definiert sind, heißt das nicht, dass der Boss sich auch selber daran hält. Regeln werden zwar von der Acht gerne selber aufgestellt, aber auch ignoriert. Vor allem, wenn das Bauchgefühl dem Boss signalisiert, dass in einem Bereich Konflikte gären und dadurch die Arbeitsergebnisse leiden, wird er sich direkt einmischen und dabei nicht unbedingt die abgesprochenen Rollen einhalten.

Das kann auf Menschen mit anderen Persönlichkeitsprofilen sehr verstörend wirken. Sie möchten sich an die definierten Rollen und Verantwortlichkeiten halten und der Boss funkt immer dazwischen. Wenn er das dann auf die ihm vertraute direkte Art macht, kann das bei eher introvertierten Mitarbeitern dazu führen, dass sie gar nichts mehr sagen und nur noch Dienst nach Vorschrift machen. Das wiederum bringt den Boss noch mehr auf die Palme. Und so weiter ...

Regelbrüche können auf Menschen mit anderen Persönlichkeitsprofilen sehr verstörend wirken

> **Franz, 56, Unternehmer:** Wenn ich bei uns im Produktionsbereich sehe, dass dort keine Entscheidungen getroffen werden, heißt das Produktionsausfall. Hier ist es wichtiger, erst einmal eine Entscheidung zu treffen, etwas auszuprobieren, als keine Entscheidung zu treffen. Also, wenn die Ingenieure stundenlang rumdiskutieren, dann kommen wir nicht weiter. Und das ärgert mich, das macht mich auch wütend, denn sie haben alles beieinander und brauchen eigentlich nur zu handeln. Da sind mir die Rollen der Mitarbeiter dann ziemlich egal.

Tipp *Obwohl das Bemühen vorliegt, die Situation zu verbessern und die Arbeitseffizienz zu steigern, führt ein Missachten der Rollen und Verantwortlichkeiten häufig genau zum Gegenteil, weil die Mitarbeiter nicht selbst eine schnelle Lösung finden. Lösungskompetenz im Team zu entwickeln ist etwas anderes, als selber Probleme zu lösen.*

Meister der intuitiven Strategie

Der Boss ist grundsätzlich an einem fairen Ausgleich interessiert. Von daher ist es ihm immer wichtig, Lösungen zu finden und die Menschen einzubinden. Die eigene Ungeduld führt aber häufig dazu, dass er Überreaktionen zeigt, die dann „verbrannte Erde" hinterlassen. Der Impuls einzugreifen, wenn die eigene Wahrnehmung das als sinnvoll erachtet, kann die Lösung sogar erschweren. Manchmal ist es sinnvoller, wenn der Boss sich da komplett raushält und nur für die Struktur sorgt, also Zeit und Raum zur Verfügung stellt, dass die Betroffenen ihre Probleme selbst lösen können.

Ungeduld und Überreaktionen hinterlassen oft verbrannte Erde bei den Mitarbeitern

In Bezug auf die langfristige Entwicklung der Organisation ist der Boss nahezu unschlagbar. Er hat die Fähigkeit, aus

Fähigkeit, aus Experten aller Bereiche einer Organisation ein Team zu formen

Experten aller Bereiche einer Organisation ein Team zu formen. Die Trendmeldungen vom Markt, die Potenziale aus der Forschung und Entwicklung, die finanziellen Rahmenbedingungen, die strukturellen Aspekte der Organisation, die Entwicklung und Optimierung von Prozessen und die Darstellung der Organisation in der Öffentlichkeit bringt der Boss intuitiv so zusammen, dass sie ein zukunftstaugliches Gesamtbild ergeben.

In Krisen über sich hinauswachsen

Konflikte haben für den Boss durchaus etwas Reizvolles. Dann ist wenigstens etwas los und er spürt sich in der Auseinandersetzung. Gelegentlich bricht er Konflikte auch aus Langeweile vom Zaun. Gibt es eine Krise, schlägt oft seine große Stunde. Mit seiner Kraft, seinem Mut und seinem Verantwortungsgefühl zieht er „den Karren wieder aus dem Dreck", ohne dass man ihn groß darum bitten musste.

Der Boss neigt in Krisen zu Überreaktionen und verliert dann den Kontakt zu den Mitarbeitern

Werden notwendige Veränderungen in einem System aber aus Angst vor schmerzhaften Einschnitten verhindert, hüten sich alle Beteiligten instinktiv davor, einen Boss ans Ruder zu lassen, weil sie ahnen, dass dann ohne Rücksichten aufgeräumt wird. Der Boss handelt oft zu schnell, übertreibt die konsequente Umsetzung in Krisen und verliert dann leicht den Kontakt zu den Menschen, die etwas behutsamer mitgenommen werden müssen.

ANNA, 58, GESCHÄFTSFÜHRENDE GESELLSCHAFTERIN:
Vor zwei Jahren ist unsere Firma abgebrannt und mein Mann war wie gelähmt. Die Versicherungssumme war niedriger als erwartet. Es gab tausend Probleme und ich hatte einen Mann, der nicht handelte. Ich musste einfach das Ruder in die Hand nehmen.

Ich habe nicht das Gefühl, dass ich mich darum reiße, sondern ich fühle mich einfach verantwortlich für bestimmte Dinge, und die muss ich dann angehen. Letztendlich war es ein Riesenprojekt und es ist mir ganz gut gelungen. Irgendwie hat es sogar Spaß gemacht. Was andere darüber denken – ich mag das ja fast nicht sagen – ist mir ziemlich egal. Die Hauptsache ist, dass ich persönlich damit zufrieden bin.

Kompetent und zuverlässig – dann ist alles erlaubt

Für unangepasste Menschen kann der Boss durchaus ein Faible entwickeln. Die Voraussetzung dafür ist, dass dieses nichtkonforme Teammitglied irgendetwas an sich hat, was der Boss respektiert oder bewundert. Das kann eine ganz eigene Sichtweise sein, so sie denn konstruktiv ist. Das kann die Fähigkeit sein, intellektuell anspruchsvolle Dinge in einfachen Worten zu erklären. Das kann das Bemühen eines Mitarbeiters sein, sich bei schwierigen Bedingungen alleine gegen alle anderen durchzusetzen und nicht aufzugeben. Das kann der Hang zur Perfektion eines Mitarbeiters sein, dem es aber immer gelingt, bei diesem Streben flexibel zu bleiben und nicht in Rigidität zu erstarren. Oder ein unangepasstes Verhalten kann einfach seinen „Beschützerinstinkt" entfachen und er setzt sich für den „Underdog" ein. Gibt es jedoch kein spontanes Interesse, dann mahnt der Boss höchstens einmal, bevor er eine Kündigung ausspricht.

Menschen, die der Boss akzeptiert, dürfen sich auch nonkonform verhalten

KLAUS, 37, CHEFREDAKTEUR BEI EINEM PRIVATEN RADIOSENDER: Der Matthias ist ein feiner Kerl. Eigentlich ist der viel zu elegant und viel zu geschliffen für den Moderator der „Morning-Show". Und er nimmt sich hier auch Sachen raus im Team, die könnte sich sonst kein anderer leisten. Aber ich mag ihn einfach, weil er eigentlich in dieses doch recht oberflächliche Geschäft gar nicht reinpasst. Er hat einen intellektuellen Tiefgang und eine so geschliffene Wortwahl, wie ich das bei einem Dreiundzwanzigjährigen noch nie gesehen habe.

TIPP *Menschlich ist diese Einstellung vielleicht nachvollziehbar. In der Führungsrolle kann es jedoch unverantwortlich sein, wenn andere im Team das Verhalten als Sonderbehandlung empfinden und das Team dadurch gespalten wird.*

Die Kunst der Diplomatie entwickeln

Der Autofokus des Bosses ist auf Wahrheit ausgerichtet. In Verbindung mit seiner sehr direkten Art macht ihn dies nicht unbedingt zum Meister des Taktierens. Diplomatie ist ihm nicht mit in die Wiege gelegt worden. Er möchte die Fakten auf

Der Boss bringt die Fakten ungeschminkt auf den Tisch

dem Tisch haben. Jeder soll wissen, woran er ist, dann überzeugt man durch die Ergebnisse. Da braucht es kein Taktieren um Macht und Positionen. Ein fairer Wettkampf mit offenem Visier – das schätzt der Boss.

HANS, 51, UNTERNEHMENSBERATER: Ich lote gerne die Substanz aus. Ich halte Integrität und Wahrheit für eine Grundvoraussetzung, um überhaupt sinnvoll miteinander arbeiten zu können. Ich bin nicht für „politics" zu haben. Und ich kann „Hintenrumreden" nicht ausstehen. Das kostet enorm viele Ressourcen. Ich spreche die Dinge direkt an, arbeite direkt, schaue den Leuten in die Augen. Und dieses „Hintenrum" nervt einfach! Es stresst alle Leute und – wie schon gesagt – verbraucht unheimlich viele Ressourcen.

TIPP *Etwas mehr Diplomatie und weniger Direktheit würde den Menschen in Ihrer Umgebung die Möglichkeit geben, ihr Gesicht zu wahren und Vertrauen zu Ihnen als Führungskraft aufzubauen. Das kann wichtiger sein, als alles auf dem Tisch zu haben. Arbeiten Sie daran. Dann können sich Ihre Mitarbeiter zum Wohle des Ganzen auch besser einbringen.*

Die sieben Kriterien für soziale Kompetenz im Überblick

Kriterien für soziale Kompetenz	Entwicklungspotenziale	Was für den Boss konkret zu lernen ist
Empathie-Fähigkeit	⚠⚠	Öffnen Sie sich für Ihre eigene Verletzlichkeit, dann können Sie viel besser auf andere eingehen. Mr. Boss, „Tear down this wall!" Dann wird echte Empathie möglich.
Fähigkeit zum Perspektivwechsel	⚠	Unterschiedliche Perspektiven unter einen Hut zu bringen, erfordert manchmal auch, sich mit den Details vertraut zu machen.

Fähigkeit zum Rollenwechsel	⚠ ⚠	Atmen Sie dreimal tief durch oder schlafen Sie eine Nacht darüber (wenn das geht), bevor Sie handeln. Eigenverantwortung von Mitarbeitern stirbt ab, wenn der Chef zu oft selbst eingreift.
Lösungsorientierung und strategische Ausrichtung	☐	Betrachten Sie das Gesamtgeschehen mit mehr Abstand und Sachlichkeit, in Ruhe und unter Berücksichtigung der Bedürfnisse der Menschen und aller relevanten Fakten.
Konfliktfähigkeit, Kritikfähigkeit und Krisenfestigkeit	☐	Seien Sie vorsichtiger mit Ihrer Kritik. Sie haben keine Ahnung, mit wie viel Energie die rüberkommt und was dies bei anderen anrichten kann.
Einbindung nicht-konformer Mitarbeiter	⚠	Jemandem wegen seiner speziellen Fähigkeiten Sonderrechte zu gewähren, verhindert die Einbindung ins Team. Achten Sie darauf, dass andere Mitarbeiter sich nicht zurückgesetzt fühlen.
Sich und das eigene Team taktisch klug im System positionieren	⚠	Verhalten Sie sich etwas diplomatischer und tragen Sie Ihr Herz nicht allzu stark auf der Zunge. Das Gesicht wahren zu können ist ein hoher kultureller Wert in menschlichen Gemeinschaften.

☐   Exzellente Grundlagen sind vorhanden. Achten Sie jedoch darauf, dass Sie es nicht übertreiben, sonst schlagen Ihre Stärken ins Gegenteil um und Sie richten Schaden an (siehe Kap. 1.6).

⚠   Gute Grundlagen sind vorhanden. Es lohnt sich, sie weiter auszubauen.

⚠ ⚠   Hier besteht noch großes Entwicklungspotenzial. Aber Achtung: Hier gibt es nichts geschenkt, denn Sie arbeiten gegen Ihren Autopiloten.

3.9 Persönlichkeitsprofil Neun: Der Vermittler im Führungs-Check der sozialen Kompetenz

Friedliebender – Teamplayer – Verständnisvoller – Mr. Kompromiss

Lesen Sie zu diesem Persönlichkeitsprofil auch noch einmal den Steckbrief auf Seite 72/73.

Führen an der langen Leine – mit Geduld und Verständnis

Menschen mit dem Persönlichkeitsprofil Neun machen gern dort Karriere, wo ihre Talente als Vermittler und Brückenbauer gefragt sind. Der Vermittler ist tolerant, absolut uneitel und stellt sich und seine Bedürfnisse ganz selbstverständlich zurück, wenn er sich für etwas einsetzt. Er ist ein idealer Teamplayer und bewahrt sich diese Qualität auch in der Führungsrolle. Er profiliert sich nicht auf Kosten des Teams und duldet es nicht, wenn es diesbezüglich zu Rivalitäten im Team kommt. Der Vermittler hat viel Verständnis für andere und immer ein offenes Ohr, wenn jemand der Schuh drückt. Er führt seine Mitarbeiter an der langen Leine. Hier bekommt jeder Freiräume, in denen er sich und seine Fähigkeiten entfalten kann. Der Vermittler unterstützt dabei, wenn es nötig ist. Er hat immer das Kontinuum und das große Ganze im Blick.

Der Vermittler ist auch in der Führungsrolle ein idealer Teamplayer

Harmonie im direkten Umfeld ist ihm wichtig. Das braucht er wie die Luft zum Atmen und wenn diese Voraussetzung gegeben ist, ist der Vermittler hoch produktiv. Herrscht dagegen Unfrieden und scheitern seine Vermittlungsbemühungen, gerät er schnell in eine Blockade. Sein Autopilot lässt persönliche Egoismen gar nicht erst zu. Das Setzen persönlicher Ziele und Prioritäten oder das Handeln unter Zeitdruck sind schwierige Themen für ihn.

Harmonie im direkten Umfeld ist ihm wichtig

Ein Karrierebeispiel aus dem Nonprofitbereich

KILIAN, 39, GESCHÄFTSFÜHRER EINER SELBSTHILFEORGANISATION: Ich bin eigentlich Optiker. Meine Familie hatte zwei gut gehende Optikgeschäfte in der Stadt, die ich nach dem frühen Tod meines Vaters übernommen habe. Meine Frau arbeitet als Hautärztin in einer Gemeinschaftspraxis. Wir haben drei Kinder, Zwillingsbuben im Alter von zwölf Jahren und eine Tochter von sieben Jahren. Sie leidet seit ihrer Geburt an einer unheilbaren Stoffwechselkrankheit.

Seitdem wir mit dieser Diagnose leben, hat sich unser Leben umgekrempelt. Meine Frau und ich haben dann vor sechs Jahren eine Selbsthilfegruppe für betroffene Familien gegründet. Daraus ist inzwischen ein überregional tätiger Verein geworden. Wir sammeln Spenden, helfen den Betroffenen bei praktischen Dingen im Alltag, organisieren Entlastungen bei der Betreuung, fördern die gegenseitige

Unterstützung und arbeiten auch politisch, mit zunehmendem Erfolg. Seit zwei Jahren mache ich das jetzt hauptamtlich als Geschäftsführer. Die beiden Geschäfte habe ich an meinen Cousin verkauft, der nach seiner Scheidung in die Stadt zurückgekehrt ist. Er führt sie unter gleichem Namen weiter. Das war mir, vor allem mit Blick auf meine Mutter, wichtig.

Meine besten Eigenschaften? Geduld, langer Atem und ich komme mit fast allen Menschen klar, auch mit schwierigen. Was ich noch vorhabe? Wie viele Stunden haben Sie Zeit (*lacht*)? Ich habe vor allem gelernt, dass sich Lebensplanungen ganz schnell ändern können. Was mir das Wichtigste geworden ist, ist die Sinnfrage. Und ich habe jetzt eine Tätigkeit, die noch mehr Sinn macht als die davor.

Authentisch führen aus der Sicht des Vermittlers

Authentisch zu führen bedeutet für den Vermittler, auf der Grundlage seiner Leitwerte Toleranz und Gerechtigkeit zu führen. Er versucht, mit jedem gut auszukommen. Er achtet besonders stark darauf, dass niemand übergangen wird oder zu kurz kommt. Er versucht, alle Positionen zu berücksichtigen, wenn es um Entscheidungen geht. Er baut Brücken, wenn es widerstreitende Meinungen gibt, und sorgt für Verständigung und Ausgleich. Sein diplomatisches Geschick kommt ihm dabei zugute. Das Resultat sind meist wohl durchdachte Projekte und Entscheidungen.

Auf der Grundlage der Leitwerte Toleranz und Gerechtigkeit führen

Der Vermittler hat ein sehr gutes Gespür für mögliche Kompromisse. Wenn andere mit dringenden Anliegen zu ihm kommen, ist „Nein" fast ein Fremdwort für ihn. Leider hat dies oft den Nachteil, dass wichtige Dinge unbeabsichtigt auf die lange Bank geschoben werden. Sternstunden für den Vermittler sind es, wenn alles gut läuft, ohne dass er jemandem auf die Füße treten muss, wenn jeder weiß, was seine Aufgabe ist, und alle konstruktiv und produktiv zusammenarbeiten.

Gutes Gespür für mögliche Kompromisse

Der Vermittler versucht, die harten Seiten des Führens zu vermeiden, und dieses Verhalten seines Autopiloten kann ihm im Alltag zum Verhängnis werden. Er ist oft einfach zu „nett". Er ist zu nachsichtig mit anderen und lässt Dinge durchgehen, wo er einschreiten müsste (weil er die Gründe für die Vorkommnisse ja auch verstehen kann). Der Vermittler muss sich

Der Vermittler ist einfach oft zu „nett" und schreitet nicht ein, wo es nötig wäre

bewusst werden, dass Konsequenz nicht unbedingt Härte bedeutet. Seine Hauptaufgabe ist, an seinem eigenen Willen zu arbeiten, durchsetzungsfähiger und manchmal auch unbequemer zu werden. Wer lernt, im richtigen Moment auch „Nein" zu sagen, dessen „Ja" bekommt eine andere Kraft.

Grenzenlose Empathie

Gefahr, sich selbst im Gegenüber zu verlieren

Der Vermittler verfügt über scheinbar unbegrenzte Empathiefähigkeiten. Kein Profil kann so gut „mitschwingen" und mitempfinden wie Neun. Eigentlich hätte sich der Vermittler bei diesem Faktor sozialer Kompetenz Bestnoten verdient – eigentlich. Es gibt eine Einschränkung zu machen, denn er ist gefährdet, sich im Gegenüber zu verlieren, mit ihm zu verschmelzen und sich selbst nicht mehr wahrzunehmen. Wenn das Gegenüber Hilfe braucht oder auch nur ein offenes Ohr, ist der Vermittler ganz selbstverständlich da und stellt sich ohne Gegenerwartungen (im Unterschied zu Persönlichkeitsprofil Zwei, dem Unterstützer) und in einer absichtslosen Haltung zur Verfügung. Auf das Gegenüber kann diese Art aber auch distanzlos und bedrängend wirken.

SONGÜL, 33, LEITENDE ARZTHELFERIN IN EINEM PRAXISZENTRUM: Die Patienten mögen mich, weil ich zu allen freundlich bin. Früher empfand ich den Tresen, hinter dem wir am Empfang sitzen, als störend, weil er mich von den Leuten getrennt hat. Heute bin ich ganz froh über ihn. Wir haben sehr viele Krebspatienten, auch ganz junge. Anfangs war es für mich ein Problem, dass ich viele Krankengeschichten zu nah an mich habe herankommen lassen, und Kolleginnen haben mir gesagt, dass ich manchen Patienten auch zu nahe getreten bin. Ich habe das gar nicht gemerkt.

TIPP *Achten Sie auf das richtige Maß von Nähe und Abstand, wenn Sie für andere da sind, und lernen Sie, sich abzugrenzen. Dann können Ihre mitfühlenden Talente zur vollen Entfaltung kommen.*

Multi-perspektivische Ausrichtung

Der Autopilot des Vermittlers beschäftigt sich gewohnheitsmäßig mit Perspektivwechsel, denn er ist auf das Verbindende

ausgerichtet und nicht auf das Trennende – und dieses Verbindende wird von allen Seiten her beleuchtet. Der Vermittler ist
geradezu multi-perspektivisch ausgerichtet. Da das Trennende ausgeblendet wird, werden die verschiedenen Perspektiven jedoch zu den Rändern hin unscharf, manchmal sogar
konturlos.

Der Vermittler neigt dazu, die Perspektive der anderen höher zu bewerten als die eigene – und das ist nicht die Ausnahme, sondern die Regel. Zudem betont er beim Perspektivwechsel die Gefühlsebene – das kognitive Verstehen des
Gegenübers steht erst an zweiter Stelle.

Der Vermittler neigt dazu, die Perspektive der anderen höher zu bewerten als die eigene

> **SONGÜL, 33, LEITENDE ARZTHELFERIN IN EINEM PRAXIS-
> ZENTRUM:** Mein Problem ist, dass ich oft alle gleichzeitig
> verstehen kann. Ich habe dann viele verschiedene Pers-
> pektiven gleichzeitig in mir, die ich versuche zu einem Ge-
> samtbild zusammenzusetzen. Das kann aber eine Weile
> dauern. Es ist wie beim Puzzeln. Meine eigene Perspektive
> (= Meinung) gerät dabei leider schnell ins Hintertreffen.
> Ich erinnere mich manchmal kaum an sie.

TIPP *Wenn Sie versuchen, andere zu verstehen, werden Sie sich immer auch bewusst, welche Mei-
nung/Perspektive Sie selbst vertreten.*

Volle Flexibilität mit Mut zur Unsichtbarkeit

Seine große Flexibilität und Anpassungsfähigkeit bringt der
Vermittler als Pluspunkte mit, wenn es um die Fähigkeit zum
Rollenwechsel geht. Der Vermittler ist sich auch nicht zu scha-
de, untergeordnete Rollen oder eine zeitweise hierarchische
Rückstufung zu akzeptieren, wenn die Situation es erfordert.

Problematisch kann in der Führungsrolle seine Neigung
werden, sich in der Gruppe zu verstecken, wenn Sichtbarkeit
(und damit auch Verletzbarkeit) gefordert ist. Außerdem meidet der Vermittler unangenehme Rollen, in denen er andere
verletzen müsste. Das große Verständnis und die große Flexibilität haben den Preis, dass der Vermittler mit dem Setzen von
Prioritäten Probleme hat und sich leicht verzettelt, weil wieder
irgendetwas aufgetaucht ist, was eine Entscheidung beeinflussen könnte.

Problematisch für die Führungsrolle ist die Neigung, sich in der Gruppe zu verstecken

DIETMAR, 53, VERWALTUNGSLEITER IN EINEM SENIORENSTIFT:
Wir sitzen zu fünft in einem Großraumbüro. In diesem Monat ist es schon mehrfach passiert, dass jemand bei uns reingerauscht kam und nach einigen Minuten dann gefragt hat: *„Wer ist denn hier der Chef?"* Meine Mitarbeiter müssen sich dann immer das Lachen verkneifen, aber ich habe mich bisher standhaft geweigert, mit so einem Schild rumzulaufen, das mich als Leithammel ausweist.

TIPP *Üben Sie sich ganz bewusst darin, sich unbeliebt zu machen. Sie schlucken viel zu viel. Wo könnte „Aufmucken" vielleicht zu etwas Gutem führen? Erstellen Sie eine Prioritätenliste über mögliche bisherige Versäumnisse. Sie können es ja weiterhin auf eine nette Art machen, aber bleiben Sie am Ball. Parole für den Anfang: Mindestens einmal Aufmucken pro Woche.*

Lösungen, die alle zufriedenstellen

Ergeben sich Probleme, versucht der Vermittler in der Führungsrolle sein Bestmögliches, um Lösungen zu finden, die alle zufriedenstellen oder mit denen zumindest alle leben können. Da sein Autopilot auf Kompromiss ausgerichtet ist, mangelt es ihm aber an Mut zu radikalen Neuanfängen, die mit dem Überhergekommenen brechen. Revolutionen sind nicht sein Ding, auch wenn sie manchmal nötig wären. Erst mit dem Rücken zur Wand können sich solche Impulse durchsetzen.

Die Neigung zu Kompromissen verhindert notwendige Neuanfänge

Der Vermittler verfügt über größere strategische Fähigkeiten, als manche ihm zutrauen. Da er sich jedoch bemüht, nicht aufzufallen, schafft er es immer wieder, anderen einen „Floh ins Ohr" zu setzen, den diese dann in das Fell des Bären tragen, in dem Gefühl, es sei ihre eigene Idee gewesen. Strategisches Geschick in eigener Sache ist dem Vermittler fremd, für sein Team oder für die gemeinsame Mission kann die „graue Maus" jedoch zu beachtlicher Form auflaufen.

DIETMAR, 53, VERWALTUNGSLEITER IN EINEM SENIORENSTIFT:
Im vergangenen Frühjahr wurde mir mitgeteilt, dass wir in der Verwaltung eine Stelle einsparen müssten. Ich habe schon länger geahnt, dass das so kommen würde, und

> sorgfältig Buch geführt, über die Leistungen, die wir er-
> bringen und welche Mehrkosten der Stellenabbau an an-
> derer Stelle hervorrufen würde. Damit habe ich unsere Ge-
> schäftsführung dann überzeugen können, obwohl keiner
> mehr damit gerechnet hat.

TIPP *Ein guter Stratege hat klare eigene Ziele.
Wagen Sie ein bisschen mehr „Egoismus" –
für die Sache!*

In eigener Sache Maus – für andere Löwe

Beim Umgang mit Konflikten, Kritik und Krisen zeigen sich wieder zwei Gesichter des Vermittlers. Auf der einen Seite ist er
konflikt- und kritikscheu, um den Frieden nicht zu gefährden
und keine Autonomieeinbußen zu erleiden. Sich für andere
einzusetzen fällt ihm hingegen nicht schwer, vorausgesetzt, er
kann es aus freien Stücken tun. Manchmal wird die Maus dann
zum Löwen. Wird jedoch Druck auf ihn ausgeübt, kann er auch
mit Verweigerung und trotziger Sturheit reagieren.

Wenn sich Konflikte und Kritik schon nicht vermeiden lassen, dann legt der Vermittler bei allem Ernst Wert auf einen
sanften Ton, Fairness und Gerechtigkeit. So tritt er beim Senden von Kritik auf und so möchte er auch selbst behandelt
werden. Wenn er kritisiert, kippt er jedoch oft eine zu hohe
Dosis Weichspüler in den Waschgang, was zu Irritationen führen kann. *„Ist die Sache wirklich ernst? Oder ist alles gar nicht
so schlimm?"* *(Fairness und Gerechtigkeit auch bei Konflikten)*

Zum Verhängnis kann dem Vermittler die Eigenart werden,
ohne Not Mitverantwortung für Dinge zu übernehmen, die andere zu verantworten haben. Und seine Art, vor Konflikten die
Augen und Ohren zu verschließen, besonders wenn er Angst
hat, der Sache nicht mehr Herr zu werden, kann andere aggres-
siv machen. Kein Profil hat eine so große Neigung zum Aussit-
zen von Dingen. *(Ohne Not Mitverantwortung für Dinge übernehmen, die andere zu verantworten haben)*

> SONGÜL, 33, LEITENDE ARZTHELFERIN IN EINEM PRAXISZEN-
> TRUM: Ich habe vor einiger Zeit eine neue Arzthelferin ein-
> gestellt. Sehr patent, schnelle Auffassungsgabe, arbeitet
> umsichtig und ist sehr freundlich. Sie hat allerdings einen

Sprachfehler. Unter Stress fängt sie manchmal an zu stottern. Einer unserer Ärzte, ein ungeduldiger Dreier-Erfolgsmensch, hat sie neulich vor versammelter Mannschaft deswegen angeschnauzt. Den habe ich aber zur Schnecke gemacht (lacht!). Er hat sich dann entschuldigt.

TIPP *Lassen Sie sich nicht alles bieten und achten Sie darauf, dass Sie als Führungskraft die Fäden in der Hand behalten, sonst tanzt man Ihnen auf der Nase herum. Fragen Sie sich regelmäßig, wo Sie Konflikten aus dem Weg gegangen sind, und legen Sie den Schalter rechtzeitig um.*

Fester Glaube an die gute Absicht

Mehr als alle anderen Profile ist der Vermittler bereit, an die gute Absicht beim Gegenüber zu glauben. Daher tut er sich relativ leicht damit, bei nicht-konformem Verhalten auf den Verursacher zuzugehen, um eine Lösung zu finden. Da er vorurteilsfrei an die Sache herangeht, fällt es dem Gegenüber oft leicht, sich mitzuteilen. Die große Akzeptanz wirkt vertrauensbildend. Allerdings muss sich der Vermittler im Differenzieren üben: Weist das nicht-konforme Verhalten auf Missstände hin oder will da jemand vorsätzlich Unfrieden stiften?

Die große Sensibilität gegenüber nicht-konformem Verhalten wirkt vertrauensbildend

KILIAN, 39, GESCHÄFTSFÜHRER EINER SELBSTHILFEORGANISATION: Wir haben bei uns im Vorstand ein paar schwierige Menschen, mit denen nicht leicht auszukommen ist. Vor allem ist da unsere stellvertretende Vorsitzende, eine Skeptikerin, die mit ihrer Art immer wieder aneckt. Im letzten Jahr wurde es dann ganz schlimm in den Sitzungen. Sie entwickelte sich zur richtigen Quertreiberin. Eigentlich machte sie sich nur Sorgen, dass wir zu wenig auf unsere Liquidität achteten – es gab da immer wieder Engpässe, die wir über Privatkredite überbrückt haben. Diese Gedanken aus ihr herauszubekommen, hat mir viel abverlangt und sehr lange gedauert.

TIPP *Bleiben Sie sich treu, an das Gute im anderen zu glauben, aber achten Sie darauf, wann jemand beginnt, Sie auszunutzen.*

Understatement im politischen Tagesgeschäft

Im Bereich des politischen Taktierens im Alltagsgeschäft, um sich und das Team optimal im System zu positionieren, fällt der Vermittler nicht durch übertriebenen Ehrgeiz auf. Andere könnten ihn sogar für blauäugig halten. Neun ist sicher das Profil, das gerne von anderen unterschätzt wird. Was heißt „klug" aus der Sicht des Autopiloten? Sicher nicht an der Spitze oder anderen exponierten Stellen. Ein Platz irgendwo in der Mitte verspricht viel mehr Sicherheit und Autonomie; darauf achtet der Vermittler. Er bemüht sich, im Vergleich zu anderen Teams nicht zurückzufallen und möglichst nirgendwo anzuecken. Auch das sind Talente, die nicht zu unterschätzen sind.

Der Vermittler exponiert sich nicht gerne

DIETMAR, 53, VERWALTUNGSLEITER IN EINEM SENIORENSTIFT: Ich bekomme von unserer Geschäftsleitung fast immer das, was ich möchte, vielleicht nicht sofort, aber steter Tropfen höhlt den Stein, wie man so schön sagt. Man muss oft nur geduldig abwarten und die Dinge zur richtigen Zeit vorbringen. Ich kann gut damit leben, wenn sich andere Verantwortungsträger meine Initiativen zu eigen machen und sie dann so verfolgen, als wären sie selbst darauf gekommen. Es geht ja schließlich um die Sache (*lacht*).

 **TIPP** *Wagen Sie es mehr, in den Mittelpunkt zu treten, manchmal führen Zurückhaltung und Unauffälligkeit dazu, dass man übergangen wird oder den entscheidenden Zug verpasst.*

Die sieben Kriterien für soziale Kompetenz im Überblick

Kriterien für soziale Kompetenz	Entwicklungspotenziale	Was für den Vermittler konkret zu lernen ist
Empathie-Fähigkeit	☐	Achten Sie auf ein gesundes Maß an Nähe und Distanz, wenn Sie sich um andere kümmern.
Fähigkeit zum Perspektivwechsel	☐	Vergessen Sie Ihre eigene Meinung nicht, wenn Sie Ordnung in den Perspektiven-Dschungel bringen.

Fähigkeit zum Rollenwechsel	⚠⚠	Machen Sie sich ruhig auch einmal unbeliebt. Wer zu nett ist, wird oft nicht ernst genommen. Meiden Sie unliebsame Rollen nicht. Sie sind zum Lernen da.
Lösungsorientierung und strategische Ausrichtung	⚠	Stellen Sie Ihr Licht nicht unter den Scheffel und wagen Sie ein bisschen mehr Egoismus. Es kann der Sache dienen.
Konfliktfähigkeit, Kritikfähigkeit und Krisenfestigkeit	⚠⚠	Fragen Sie sich regelmäßig, wo Sie Konflikten aus dem Weg gegangen sind, und legen Sie den Schalter rechtzeitig um.
Einbindung nicht-konformer Mitarbeiter	☐	Bleiben Sie sich treu. Ihr Glaube an die gute Absicht beim Gegenüber ist einer Ihrer sympathischsten Züge. Achten Sie aber vermehrt darauf, wann man beginnt, Sie auszunutzen.
Sich und das eigene Team taktisch klug im System positionieren	⚠⚠	Legen Sie Ihre Scheu ab, auch einmal Mittelpunkt zu sein und anderen unmissverständlich zu zeigen, wo es aus Ihrer Sicht langgeht. Zeigen Sie, was Sie können.

☐ Exzellente Grundlagen sind vorhanden. Achten Sie jedoch darauf, dass Sie es nicht übertreiben, sonst schlagen Ihre Stärken ins Gegenteil um und Sie richten Schaden an (siehe Kap. 1.6).

⚠ Gute Grundlagen sind vorhanden. Es lohnt sich, sie weiter auszubauen.

⚠⚠ Hier besteht noch großes Entwicklungspotenzial. Aber Achtung: Hier gibt es nichts geschenkt, denn Sie arbeiten gegen Ihren Autopiloten.

4 PERSÖNLICHE ENTWICKLUNG MIT DEM ENNEAGRAMM

Das Enneagramm ist nicht nur ein Persönlichkeitstypenmodell, sondern auch ein dynamisches Entwicklungsmodell. Es zeigt Chancen und Risiken auf. Wer die Möglichkeiten zur persönlichen Entwicklung über die Grenzen des eigenen Persönlichkeitsprofils nutzen will, für den kann zunächst die Devise gelten: Schneiden Sie sich guten Gewissens von den Quali-

Entwicklung über die Grenzen des eigenen Persönlichkeitsprofils hinaus

täten und Stärken jedes Persönlichkeitsprofils ein paar Scheiben ab.

DIE ERWEITERUNG DER PALETTE AN REAKTIONSMÖGLICH-
KEITEN ERHÖHT IHRE CHANCEN, IN ZUKUNFT IN KRITISCHEN
FÜHRUNGSSITUATIONEN NOCH SITUATIONSGERECHTER UND
VERANTWORTLICHER ZU REAGIEREN, ANSTATT VORNEHM-
LICH DEM AUTOPILOTEN IHRES EIGENEN PERSÖNLICH-
KEITSPROFILS ZU FOLGEN.

Wenn Sie gelernt haben, die Energie zu zügeln, die die automatischen Reaktionen auslöst, öffnen sich viele neue Optionen.

Über den Kreis sind alle Profile miteinander verbunden, was zum Ausdruck bringt, dass ein gewisser Zugang zu allen anderen Profilen besteht. Leichter fällt dies in der Regel bei den unmittelbaren Nachbarprofilen auf dem Kreis und den beiden Profilen, mit denen jedes Profil durch Linien verbunden ist (auf das Profil hin- bzw. von ihm wegführende Pfeile).

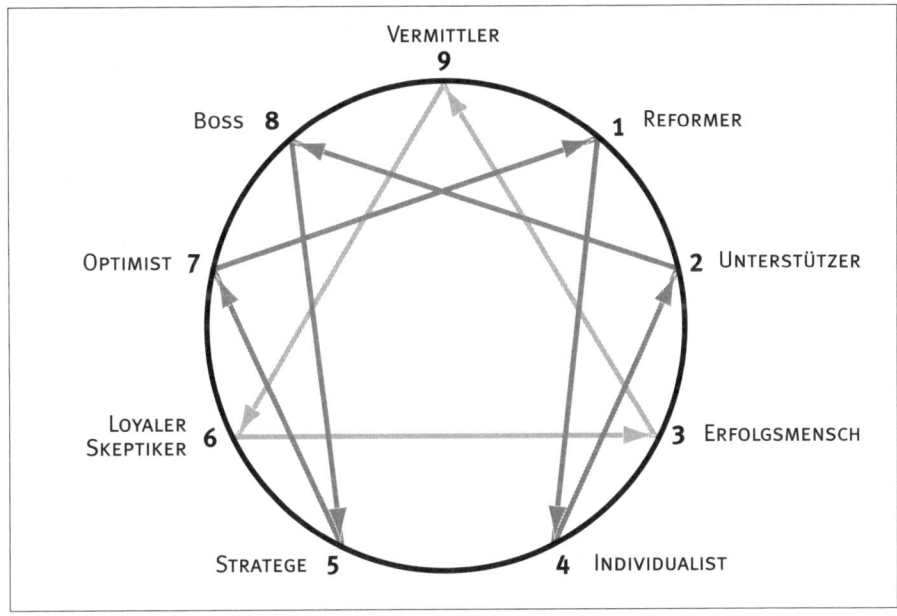

Abb. 2: Die Dynamik im Enneagramm – Entwicklungspunkt und Stresspunkt

4.1 Integration weiterer Verhaltensweisen – beginnend mit den Qualitäten des Entwicklungspunktes

Der Entwicklungspunkt bildet ein entscheidendes Gegengewicht zur Tendenz des eigenen Autopiloten

Für jedes Enneagramm-Profil ist die Integration weiterer Verhaltensoptionen, beginnend mit den Qualitäten des Entwicklungspunktes, von entscheidender Bedeutung. Dieser bildet ein entscheidendes Gegengewicht, um den eigenen Autopiloten daran zu hindern, vorwiegend auf die gleichen eingefahrenen Verhaltensmuster zurückzugreifen. Im Enneagrammsymbol werden die Entwicklungspunkte jeweils durch den bei jedem Profil ankommenden Pfeil gekennzeichnet.

So kommt bei Zwei (Unterstützer) ein Pfeil von Vier (Individualist) an. Für Zwei geht es also primär darum, die Qualitäten von Vier zu entwickeln und zu integrieren: sich selbst wichtig nehmen, eigene Gefühle wahrnehmen, eigene Bedürfnisse und Wünsche entdecken, das kreative und künstlerische Potenzial entfalten.

Die Entwicklungsarbeit setzt am „blinden Fleck" des Persönlichkeitsprofils an

Aber Achtung: Diese Entwicklungsarbeit ist nicht ganz einfach, denn sie setzt am „blinden Fleck" des Persönlichkeitsprofils an. Am Anfang ist es, als stünde man blind vor der Mona Lisa und wäre auf die Schilderungen seines Nachbarn angewiesen, um sich die Schönheit des Gemäldes zu erschließen.

Oft gibt es gerade gegen das, was bitter nottut, auch so etwas wie einen Abwehrreflex, den es zu überwinden gilt. Dafür braucht es zunächst die Einsicht und dann den Mut, den Schritt in die „Terra incognita" zu wagen.

Für die eigentlich mutige Acht (Boss) ist es beispielsweise mit einem Risiko verbunden, mehr mit anderen mitzufühlen (Entwicklungspunkt Zwei, Unterstützer), denn dies macht sie selbst weicher und damit verletzlicher. Und genau diese Angreifbarkeit will der Autopilot von Acht verhindern.

Für persönliche Entwicklung gibt es leider keinen Automatismus. Hier sind dauerhaftes Engagement und eine kontinuierliche Schulung der Selbstbeobachtung erforderlich.

Die Aussagen der folgenden Übersichten sind nicht speziell auf die Führungsrolle ausgerichtet, sondern treffen allgemein auf die Persönlichkeit im Privaten wie im Beruf zu.

Für die einzelnen Persönlichkeitsprofile bedeutet die Integration des Entwicklungspunktes kurz gefasst Folgendes:

Persönlich-keitsprofil	Entwick-lungspunkt	Was am Entwicklungspunkt vordringlich zu lernen ist (siehe auch die entsprechenden Tipps in Kapitel 3)
1 ➡ (Reformer)	7 (Optimist)	Gelassener und flexibler werden; genießen können, auch wenn noch nicht alle Pflichten erfüllt sind
2 ➡ (Unter-stützer)	4 (Indivi-dualist)	Eigene Bedürfnisse und Wünsche wahrnehmen und etwas dafür tun, dass sie in Erfüllung gehen
3 ➡ (Erfolgs-mensch)	6 (Skeptiker)	Risiken analysieren; gesunden Selbstzweifel entwickeln; Dinge nicht schönreden und zu Misserfolgen vorbehaltlos stehen
4 ➡ (Indivi-dualist)	1 (Reformer)	Prinzipientreue entwickeln und Zufriedenheit aus der Erfüllung von Alltagspflichten schöpfen
5 ➡ (Stratege)	8 (Boss)	Handeln statt denken; Tatkraft entwickeln und Auseinandersetzungen nicht aus dem Weg gehen
6 ➡ (Skeptiker)	9 (Vermittler)	Vertrauensvorschuss geben; an das Gute im Gegenüber glauben und Versöhnungsarbeit leisten
7 ➡ (Optimist)	5 (Stratege)	Nüchterner und objektiver werden, freiwillig auf Pläne (Wünsche) verzichten und sich auf das Wesentliche konzentrieren
8 ➡ (Boss)	2 (Unter-stützer)	Einfühlsamer werden; die Bedürfnisse und Meinungen der anderen wahrnehmen und lernen, die eigenen zurückzustellen
9 ➡ (Vermittler)	3 (Erfolgs-mensch)	Zielorientierter werden, Prioritäten setzen, handeln und effektiver werden; sich nicht ablenken lassen

4.2 Dem Stressverhalten wirksam und präventiv begegnen

Der Pfeil im Enneagrammsymbol, der vom eigenen Profil weg-führt, steht für einen negativen Automatismus, nämlich die Verwicklungs- oder Stressspirale, wenn aus normalem Stress Dauerstress wird. Dann aktiviert der Autopilot neben den

Unter Stress aktiviert der Autopilot auch noch die Schwächen eines anderen Profils

Schwächen des eigenen Profils auch noch die Schwächen eines anderen. Dieser Zustand symbolisiert Ressourcenarmut, Dauerstress und Krise. Man kann niemals ausschließen, in diesen Zustand zu geraten. Wichtig ist es daher, bereits die ersten Anzeichen wahrzunehmen, wenn man in die Stressspirale zu geraten droht. Zu diesem Zeitpunkt kann man meist noch selbst etwas dagegen tun. Hier zeigt sich erneut, wie wertvoll eine gute Selbstbeobachtung ist.

Die Tipps in Kapitel 4.1 bieten Ansatzpunkte dafür, was Sie präventiv gegen die Stressspirale tun können.

Persönlich- keitsprofil	Stress- punkt	Wohin die Stressspirale führt
1 ⑥⑥⑥ ➤ 4 (Reformer)	(Indivi- dualist)	Die ansonsten große Zuverlässigkeit und Berechenbarkeit ist wie fortgeblasen. Eins wird launisch und unberechenbar und schwankt zwischen den Extremen, sich in einem Moment selbst für das Dilemma zu bestrafen, in dem sie steckt, und im nächsten Moment das Gegenüber dafür verantwortlich zu machen.
2 ⑥⑥⑥ ➤ 8 (Unter- stützer)	(Boss)	An die Stelle der Selbstaufopferung tritt das Gefühl, nur noch ausgenutzt zu werden. Zwei klagt an, versucht mit Gewalt zu disziplinieren und tritt auch Menschen in den Hintern, die ihr wohlgesonnen sind. Damit zerstört sie oft die ihr eigentlich so wichtigen Bindungen vollends.
3 ⑥⑥⑥ ➤ 9 (Erfolgs- mensch)	(Vermittler)	An die Stelle der gewohnten Ziel- und Erfolgsorientierung tritt eine phlegmatische und gleichgültige Haltung. Alles erscheint mehr oder weniger gleich sinnlos. Drei beschäftigt sich zwar, tut dies aber ziellos und verliert schnell wieder das Interesse. Sie betäubt sich und kann sich nicht mehr wirklich motivieren.
4 ⑥⑥⑥ ➤ 2 (Indivi- dualist)	(Unter- stützer)	Die eigenen Gefühle und Wünsche, die sonst ganz im Mittelpunkt stehen, sind wie weggeblasen. Vier gibt sich selbst auf und ist nur noch für andere da. Sie versucht, die Wünsche von den Augen abzulesen und geht ganz im anderen auf. Dabei verliert sie sich selbst und schlägt das Gegenüber durch ihre Penetranz in die Flucht.

5 ◎◎◎▶ 7 (Stratege) (Optimist)	Die ansonsten so nüchterne, distanzierte und vernünftige Fünf wird sprunghaft, distanzlos und oberflächlich. Sie wechselt ihre Meinungen schnell und kratzt nur noch an der Oberfläche. Sie scheint auf den ersten Blick gut drauf zu sein, ist aber in Wahrheit nur auf der Flucht vor der eigenen inneren Leere.
6 ◎◎◎▶ 3 (Skeptiker) (Erfolgs- mensch)	Die ansonsten oft zweifelnde und hadernde Sechs gibt alle Bedenken auf und will nur noch auf schnellstem Weg zum Ziel. Sie scheut sich nicht, dick aufzutragen oder gar zu lügen, um dorthin zu kommen. Sie beansprucht zwanghaft den Mittelpunkt und manipuliert andere.
7 ◎◎◎▶ 1 (Optimist) (Reformer)	Die ansonsten so gut gelaunte, fröhliche und freiheitsliebende Sieben wird eng, streng und rechthaberisch. Sie macht die anderen dafür verantwortlich, dass ihr die Lust am Leben vergangen ist und lässt es sie büßen, indem sie mit Vorschriften, Druck und Zwang reagiert.
8 ◎◎◎▶ 5 (Boss) (Stratege)	Die ansonsten so präsente und kämpferische Acht hat sich verkämpft und fühlt sich ungerecht behandelt. Sie zieht sich vollkommen in den Elfenbeinturm zurück und blockt jede Kommunikation ab. Sie wird von außen als selbstgerecht wahrgenommen und gemieden. Das Resultat ist eine innere und äußere Isolation.
9 ◎◎◎▶ 6 (Vermittler) (Skeptiker)	Die ansonsten so gutgläubige und das Verbindende betonende Neun wittert plötzlich hinter allem etwas Schlechtes. Sie unterstellt böse Absichten und lässt sich kaum noch überzeugen. Sie hinterfragt aber auch ihre eigenen Handlungsimpulse. Unentschiedenheit geht nun Hand in Hand mit Zweifel. Das Resultat ist Lähmung.

Für die persönliche Entwicklung im beruflichen Kontext empfehlen wir auch die Lektüre der Werte- und Entwicklungsquadrate, die Tödter & Werner in ihrem Buch „Erfolgsfaktor Menschenkenntnis" für alle neun Profile des Enneagramms entwickelt haben. Das Buch ist ebenfalls in dieser Reihe erschienen.

5 PERSÖNLICH REIFEN UND VONEINANDER LERNEN –
acht Führungspostulate im Führungs-Check

Kein Chef ist vollkommen. Nachdem wir in den Kapiteln 2 und 3 einen ausführlichen Blick auf die Stärken, Nicht-Stärken und Schwächen der neun Persönlichkeitsprofile des Enneagramms sowie ihre Führungsqualitäten und Entwicklungspotenziale geworfen haben, wollen wir hier einen differenzierten Blick auf die neun Profile im Querschnittsvergleich werfen.

Neun Profile im Querschnittsvergleich

Dazu haben wir aus der einschlägigen Führungsliteratur acht Postulate ausgewählt, was eine authentische, gute Führungskraft ausmacht, und betrachten sie durch den Autofokus der neun Profile. Damit sollen Wege für eine wirkungsvolle Persönlichkeitsentwicklung aufgezeigt werden. Außerdem soll es dazu beitragen, voneinander zu lernen.

Acht Postulate, was eine authentische, gute Führungskraft ausmacht

Jeder Führungsstil hat seine Berechtigung und seine natürlichen Stärken in bestimmten Situationen oder bei bestimmten Aufgaben – und natürlich auch seine Nicht-Stärken und Schwächen.

Grundsätzlich verfügen alle Persönlichkeitsprofile über ausreichende Potenziale, um die nachfolgenden neun Postulate zu erfüllen. Nur liegen die neuralgischen Punkte und die wichtigen Lernaufgaben jeweils woanders.

Die authentische Führungskraft verfügt über Selbstkontrolle und strahlt daher Autorität und Sicherheit aus

Angestrengte Autorität strahlt keine Glaubwürdigkeit aus

BEGRÜNDUNG: Eine Führungskraft, die sich zwanghaft anstrengt, um Autorität zu gewinnen, strahlt keine Glaubwürdigkeit aus und verunsichert die Mitarbeiter. Selbstkontrolle ist wichtig, um die Verantwortung der jeweiligen Rolle angemessen erfüllen zu können. Zu wenig Selbstkontrolle ist genauso kontraproduktiv wie zu viel. Es geht um die Balance, um das für die Situation richtige Maß.

TOOLS *Trainieren Sie Ihren inneren Beobachter und reflektieren Sie bewusst Ihre eigene Außenwirkung. Laden Sie Ihre Mitarbeiter regelmäßig zu ehrlichem Feed-back ein (mündlich und schriftlich).*

EINS (Reformer) ist sich als authentische, gute Führungskraft immer bewusst, dass sie oft zu hohen Ansprüchen genügen will und diese hohe Messlatte auch auf die Mitarbeiter überträgt. Sie hat gelernt, ihren Kontrollzwang zu beherrschen. Paradoxerweise vermittelt sie gerade dann Autorität und Sicherheit, wenn sie lockerer und fehlertoleranter ist. Sie macht weniger Vorschriften und konzentriert sich auf die große Linie statt aufs Detail.

EINS (Reformer): beherrscht ihren Kontrollzwang

ZWEI (Unterstützer) hat als authentische, gute Führungskraft gelernt, unabhängiger von der Meinung anderer zu werden. Sie muss nicht mehr zwanghaft gefallen, sondern ist sich ihrer eigenen Bedürfnisse bewusst und tut etwas dafür, dass sie befriedigt werden, auch wenn anderen dies nicht passt. Paradoxerweise lassen sich andere von jemandem, der seine eigenen Bedürfnisse ernst nimmt, lieber helfen. So kann ZWEI Sicherheit geben und wird als Autorität ganz selbstverständlich anerkannt.

ZWEI (Unterstützer): wird unabhängiger von der Meinung anderer

DREI (Erfolgsmensch) hat als authentische, gute Führungskraft gelernt, ihren Drang nach unbedingtem Erfolg zu zügeln. Sie stellt die Sinnfrage und prüft, ob der vermeintliche Erfolg es auch wert ist, ihm nachzueifern. Sie wird sich ihrer eigenen Grenzen bewusst und entwickelt Respekt für andere, die etwas besser können. Konstruktiver Selbstzweifel hilft, die eigene Selbstkontrolle zu verbessern. DREI wird dadurch glaubwürdiger, dass sie Niederlagen einräumt und sich nicht mit fremden Federn schmückt.

DREI (Erfolgsmensch): zügelt den Drang nach unbedingtem Erfolg

VIER (Individualist) hat als authentische, gute Führungskraft gelernt, ganz in der Gegenwart präsent zu sein und sich dem Alltag zu stellen. Sie lässt sich nicht mehr durch das Fehlende oder Abwesende ablenken, wird stetiger und pflichtbewusster. Dadurch erhält ihre auf Intensität ausgerichtete Persönlichkeit Struktur und einen festen Rahmen, der ihr selbst, aber auch anderen Halt gibt. Statt vom Besonderen lässt sie sich nun vom Wesentlichen leiten.

VIER (Individualist): stellt sich den Anforderungen des Alltags

FÜNF (Stratege) hat als authentische, gute Führungskraft gelernt, nicht in der Rolle des Beobachters zu verharren, sondern engagiert und tatkräftig zu handeln. Paradoxerweise erweist sich gerade das Aufgeben der Zurückhaltung und des Rückzugs als vertrauensbildend. FÜNF muss lernen, aus der Mitte des Teams, der Organisation heraus zu führen, statt vom Rand oder Elfenbeinturm aus. Sie wird berechenbarer für die

FÜNF (Stratege): handelt engagiert und tatkräftig

Mitarbeiter, wenn sie Auskunft über sich gibt und alle wissen, was sie denkt und wofür sie steht.

Sechs (Loyaler Skeptiker): schaut mehr auf das Gelingende

SECHS (Loyaler Skeptiker) hat als authentische, gute Führungskraft gelernt, nachhaltiges Vertrauen aufzubauen und mehr auf das Gelingende zu schauen als auf das, was schiefgehen könnte. Das Schöne und Positive bekommt nun mehr Raum. Sie wird gelassener und ruhiger und gewinnt dadurch an Autorität und gibt mehr Sicherheit. Auch hier ist ein Paradoxon das Resultat. Die Mitarbeiter übernehmen nun selbst mehr Verantwortung dafür, dass Gefahren und Risiken rechtzeitig erkannt, realistisch eingeschätzt und vermieden werden.

Sieben (Optimist): entwickelt Durchhaltevermögen

SIEBEN (Optimist) hat als authentische, gute Führungskraft gelernt, den Impuls „mehr ist mehr" zu zügeln und genau das Gegenteil zu praktizieren. Sie konzentriert die Aufmerksamkeit auf das Wesentliche bzw. das Wichtigste, entwickelt Durchhaltevermögen, auch wenn es keinen Spaß mehr macht, und blendet Unangenehmes und Problematisches nicht mehr gewohnheitsmäßig aus. Gepaart mit der optimistischen, fröhlichen Grundhaltung strahlt SIEBEN nun Autorität, Freude und Sicherheit aus.

Acht (Boss): entwickelt seine sanfte Seite und tritt in die zweite Reihe

ACHT (Boss) hat als authentische, gute Führungskraft gelernt, sich mehr zu zügeln und weniger dominant aufzutreten. Sie entwickelt wirkliche Führungsmacht, indem sie delegiert und in die zweite Reihe tritt. Sie entwickelt ihre sanfte Seite und geht bewusst das Risiko ein, dass sie dadurch angreifbar wird. Paradoxerweise erhöht dieses Nachlassen aber ihre sowieso schon hohe natürliche Autorität. Andere fühlen sich bei ACHT nun sicher, denn sie führt nicht mehr mit dem Prinzip Furcht.

Neun (Vermittler): steht im Mittelpunkt und gibt klare Anweisungen

NEUN (Vermittler) hat als authentische, gute Führungskraft gelernt, im Mittelpunkt zu stehen, klare Anweisungen zu geben und von der Spitze aus zu führen – als Gegengewicht zu ihrem guten Einfühlungsvermögen und ihren Vermittlungs- und Moderationstalenten. Sie kann, wenn es nötig ist, auch hart sein. Paradoxerweise schafft gerade dies mehr Sicherheit und Vertrauen bei den Mitarbeitern, die nun wissen, dass keine Nachlässigkeiten geduldet werden.

WAS DIE PROFILE VONEINANDER LERNEN KÖNNEN:

• Von EINS: Werteorientierung, Prinzipientreue, Strukturen und Ordnungen schaffen

- Von ZWEI: Mitfühlen, Unterstützen, Talente fördern, aus der zweiten Reihe führen
- Von DREI: Ziele und Prioritäten setzen, Durchhaltevermögen, Erfolgsdruck meistern
- Von VIER: Sensoren für Stimmigkeit entwickeln, emotionale Extremsituationen meistern
- Von FÜNF: Nüchtern und cool bleiben, strategische Weitsicht, erst denken dann handeln, haushalten
- Von SECHS: Einsichten gewinnen, Gefahren aufspüren, Glaubwürdigkeit testen, Multitasking
- Von SIEBEN: Vernetztes, assoziatives Denken, Lösungsorientierung, Win-win-Strategien entwickeln
- Von ACHT: Durchsetzungsvermögen, Unerschrockenheit, Kämpferqualitäten, Mut zum Handeln
- Von NEUN: Mediation, Moderation, Diplomatie, Führen an der langen Leine

POSTULAT 2 **Auch einer authentischen Führungskraft unterlaufen Fehler, aber sie geht offen damit um und lernt aus ihnen**

BEGRÜNDUNG: Fehler gehören zum menschlichen Alltag – bei allem professionellen Bemühen um Fehlerminimierung. Führungskräfte stehen hier besonders unter Druck. Deshalb ist ein offener Umgang mit den Fehlern, die man begeht, entscheidend. Fehlertoleranz und Ehrlichkeit sind auch wichtig, um das Lernpotenzial auszuschöpfen, das einmal begangene Fehler eröffnen – und nicht rückwärtsgewandt in Kritik und Strafmaßnahmen zu verharren.

Der offene Umgang mit Fehlern eröffnet wertvolle Lernpotenziale

 TOOLS *Laden Sie Ihr Team dazu ein, Sie auf Fehler hinzuweisen, die Sie machen. Prüfen Sie Ihre Fehlertoleranz. Sind Sie zu streng? Oder zu nachsichtig? Legen Sie mit Ihrem Team die Grundregeln für einen konstruktiven Umgang mit Fehlern fest. Lassen Sie dabei Spielräume für individuelle Bedürfnisse.*

EINS (Reformer) tut sich grundsätzlich schwer im Umgang mit Fehlern. Ihr Autopilot ist darauf geeicht, dass keine Fehler unterlaufen. Geschieht dies trotzdem, bedeutet das für sie Versagen auf der ganzen Linie. Sie merkt es meist selbst, wenn ihr

EINS (Reformer): Fehler bedeuten Versagen auf der ganzen Linie

ein Fehler unterlaufen ist, und strengt sich enorm an, ihn wieder auszumerzen, bevor andere ihn bemerken. Der Super-GAU stellt sich ein, wenn andere den Fehler zuerst bemerken. Das treibt Eins in die Enge und sie reagiert im Wechsel mit Selbstvorwürfen und Anklagen.

Zwei (Unterstützer): Fehler auf dem emotionalen Parkett werden nur schwer eingestanden

Da Zwei (Unterstützer) weniger sachorientiert, sondern mehr beziehungsorientiert arbeitet, fallen Fehler in der Sache nicht sofort auf. Werden sie offenbar, fällt es Zwei in der Regel nicht schwer, sie einzugestehen, denn sie ist darauf geeicht, das Gegenüber zufriedenzustellen, zumindest wenn Sympathie oder Respekt gegeben sind. Fehler auf dem emotionalen Parkett, dem heimatlichen Terrain, werden eher wahrgenommen – sie vor anderen einzugestehen, fällt jedoch umso schwerer.

Drei (Erfolgsmensch): Fehler sind nur dann schlimm, wenn sie die Zielerreichung oder den Erfolg behindern

Drei (Erfolgsmensch) ist nicht besonders detailverliebt. Es wird genau so viel getan, wie nötig ist, um erfolgreich zu sein. Selbst gemachte Fehler sind nur dann schlimm, wenn sie die Zielerreichung oder den Erfolg behindern. Ist dies nicht der Fall, ist Drei durchaus fehlertolerant. Selbst gemachte Fehler einzugestehen fällt aber grundsätzlich schwer, denn dies passt nicht ins Bild des perfekten Chefs und schadet dem Image. Ihre Angst vor Versagen erweist sich dann allzu oft als unüberwindliche Hürde.

Vier (Individualist): nimmt Kritik wegen Fehlern sehr persönlich

Wenn Vier (Individualist) in einem fantasievollen Plan oder einer intensiven Erfahrung aufgeht, bleibt wenig Aufmerksamkeit für das Alltagsgeschäft übrig. Das wirkt sich auf die Fehlerquote aus. Über banale Fehler geht Vier schnell hinweg, sie sind ihr lästig. Unterlaufen jedoch Fehler in einer wichtigen Sache, dann nimmt sie dies schwer und dramatisiert dies auch noch. Wird sie für Fehler kritisiert, nimmt sie dies überaus persönlich, denn sie vergleicht sich permanent mit anderen und hat oft das Gefühl, nicht zu genügen.

Fünf (Stratege): sieht die Verantwortung für Fehler oft bei anderen

Arbeitet Fünf (Stratege) ungestört, nimmt sie sich viel Zeit für Entscheidungen. Das hält die Fehlerquote gering. Fünf hasst Zeitverschwendung und Fehler haben eine solche zur Folge. Unter Zeitdruck und vor allem, wenn andere unmittelbar und dringend zu erfüllende Forderungen stellen, steigt die Fehlerquote. Aus der Perspektive von Fünf sind es zumeist die anderen, die für einen Fehler verantwortlich sind, den sie begangen hat: *„Wenn ihr mich in Ruhe gelassen hättet, wäre das nicht passiert."*

Für SECHS (Loyaler Skeptiker) sind Fehler ähnlich schlimm wie für EINS. Sie investiert vorbeugend viel, dass nichts schiefgeht. Auch im Reparaturbetrieb erweist sie sich als Experte, denn sie ist im Geiste die „Was-wäre-wenn-Frage" schon hundertmal durchgegangen. SECHS neigt zum Übersteigern möglicher Konsequenzen eigener Fehler bis hin zum Katastrophenszenario. Dies passiert nicht nur bei gravierenden Dingen, sondern allzu oft auch bei „Peanuts".

SECHS (Loyaler Skeptiker): steigert die Konsequenzen von Fehlern bis hin zum Katastrophenszenario

SIEBEN (Optimist) sieht in Fehlern immer auch eine Chance, um für die Zukunft etwas zu lernen. Solange andere von den eigenen Fehlern nicht betroffen sind, ist daran auch gar nichts Schlechtes. Ist dies jedoch der Fall, ist SIEBEN dies äußerst unangenehm. Sie lässt sich auf die unangenehmen Konsequenzen des Fehlers aber nicht wirklich ein und neigt zur Verharmlosung. Es gibt immer einen Grund, warum SIEBEN nicht schuld ist. Bei anderen kann diese Form der Rationalisierung latentes Misstrauen auslösen.

SIEBEN (Optimist): sieht in Fehlern immer auch eine Chance, um für die Zukunft etwas zu lernen

ACHT (Boss) steht auf dem Standpunkt: „ICH ENTSCHEIDE, WAS EIN FEHLER IST." Das hat Konsequenzen. Kein Persönlichkeitsprofil kann so konsequent beim Leugnen von Fehlern sein wie ACHT. Normalerweise ist es bei Fehlern in der Sache nicht so schwer für ACHT, diese einzuräumen, zumindest solange sie sich nicht beschuldigt fühlt. Es bleibt meist aber bei einem „Okay, Mist gebaut", schon das „Sorry" fällt schwer. Wenn sie Menschen verletzt hat, die ihr nahestehen, fällt es ACHT besonders schwer, dies einzugestehen.

ACHT (Boss): leugnet begangene Fehler manchmal bis zur bitteren Neige

Die „Sowohl-als-auch"-Grundhaltung von NEUN (Vermittler) führt dazu, dass manche Fehler gar nicht als solche erkannt werden, denn NEUN sieht eben immer beide Seiten und ein Fehler ist eben oft nicht einfach nur ein Fehler. Werden selbst gemachte Fehler jedoch erkannt, neigt NEUN zur Selbstherabsetzung. Sie geht in die Knie und verschlimmert so die Sache, weil dies von anderen oft als unangemessen wahrgenommen wird. Den Fehlern der anderen begegnet NEUN mit der für sie typischen Grundtoleranz.

NEUN (Vermittler): Fehler werden relativiert, da immer auch andere Perspektiven gesehen werden

WAS DIE PROFILE VONEINANDER LERNEN KÖNNEN:

- Von EINS: Fehler frühzeitig zu erkennen und Verantwortung für ihre Behebung zu übernehmen
- Von ZWEI: andere bei der Fehlerbeseitigung uneigennützig unterstützen

- Von DREI: die Bedeutung des Fehlers für das angestrebte Ziel realistisch beurteilen
- Von VIER: Fehler an der Wurzel packen und originelle Wege der Fehlerbehebung beschreiten
- Von FÜNF: den Überblick beim Fehlermanagement nicht verlieren
- Von SECHS: Fehler vorausahnen und vorbeugen
- Von SIEBEN: immer auch fragen, ob der Fehler nicht auch etwas Gutes hat
- Von ACHT: den Kopf oben behalten, wenn man die Verantwortung für den Fehler übernimmt
- Von NEUN: nachsichtig sein und immer im Blick behalten, dass Fehler menschlich sind

POSTULAT 3 **Die authentische Führungskraft mag Menschen – insbesondere jene, die ihr anvertraut sind**

Wertschätzung und Respekt sind Grundvoraussetzungen für eine vertrauensvolle Zusammenarbeit

BEGRÜNDUNG: Wertschätzung und Respekt sind Grundvoraussetzungen für eine vertrauensvolle Zusammenarbeit. Wo sie gegeben sind, herrscht ein gutes und produktives Arbeitsklima. Führungskräfte, die grundsätzliche Schwierigkeiten haben, ihre Mitarbeiter zu mögen und sie zu respektieren, verschenken ein wertvolles Potenzial: nämlich die Chance, dass die Mitarbeiter mitdenken und die volle Verantwortung für ihr Tun übernehmen.

TOOLS *Lernen Sie zu loben und drücken Sie aus, was Sie an Ihren Mitarbeitern schätzen, auch in Bezug auf Dinge, die nicht unmittelbar etwas mit der Arbeit zu tun haben. Und – nur wer sich selbst liebt, kann anderen mit Liebe und Respekt begegnen.*

EINS (Reformer): versucht Rahmenbedingungen zu schaffen, dass alle sich wohlfühlen und ihre bestmögliche Leistung erbringen können

EINS (Reformer) tritt anderen Menschen mit Respekt und Verantwortungsbewusstsein entgegen. So zeigt sie ihre Sympathie. Sie versucht als Führungskraft die Rahmenbedingungen zu schaffen, dass alle sich wohlfühlen und ihre bestmögliche Leistung erbringen können. Sie versucht dabei Vorbild zu sein, was ihr allerdings auch zum Problem werden kann. Eine besondere Entwicklungsleistung ist für sie, die Mitarbeiter und Kollegen regelmäßig zu loben und sie auch dann noch zu mögen, wenn sie Fehler machen.

Der Autofokus von ZWEI (Unterstützer) liegt auf den Menschen, ihren Bedürfnissen und Nöten. Sie mag die Menschen sehr, nur nicht alle gleichermaßen. In den Genuss von Zuwendung kommen vor allem jene, die im Sympathieraster hängen bleiben – und das sind ziemlich viele. Die Kehrseite der Medaille ist, dass sie ihre Lieblinge hat und nicht alle nach gleichen Maßstäben beurteilt und behandelt. Das kann in der Belegschaft Zwist hervorrufen.

ZWEI (Unterstützer): wendet sich besonders denen zu, die ihr sympathisch sind

DREI (Erfolgsmensch) mag vor allem Mitarbeiter und Kollegen, die wie sie bereit sind, das Beste aus sich herauszuholen. Sie schätzt Leistungsbereitschaft, Kompetenz und gute Selbstorganisation. Ihr Autofokus ist nutzenorientiert. DREI neigt deshalb dazu, Menschen zu funktionalisieren – sie scannt automatisch, was ihr das Gegenüber bringt. Da die Ergebnisse situationsbedingt stark schwanken, entsteht bei anderen oft der Eindruck eines gewissen Opportunismus, was manchem aufstößt.

DREI (Erfolgsmensch): mag vor allem Mitarbeiter, die bereit sind, das Beste aus sich herauszuholen

VIER (Individualist) schätzt vor allem intensive und tiefe emotionale Beziehungen und Erfahrungen und den Austausch darüber. Oberflächlichkeiten sind ihr zuwider. Sie mag Menschen, die sich wie sie selbst um Authentizität bemühen. Ihr Autofokus betreibt tendenziell zu viel Nabelschau, dabei geraten die anderen Menschen schnell aus dem Blick. Gewöhnliche, durchschnittliche Menschen zu mögen und wertzuschätzen ist für VIER eine besondere Entwicklungsleistung, die sie sich hart erarbeiten muss.

VIER (Individualist): schätzt vor allem intensive und tiefe emotionale Beziehungen

Dass FÜNF (Stratege) die Menschen mag, ist oft schwer zu glauben. Aber aus der Distanz geht das ganz gut. FÜNF schaut von außen darauf, dass das große Ganze gut zusammenspielt und jeder seine Aufgabe erfüllt. Auf den Gedanken, dem anderen zu zeigen, dass sie ihn mag, kommt FÜNF jedoch selten. Hier liegt ihr großes Entwicklungspotenzial. Ihr Autofokus ist jedoch darauf ausgerichtet, nicht vereinnahmt zu werden, und das nehmen Mitarbeiter und Kollegen nicht nur als Distanz, sondern oft auch als Ablehnung wahr.

FÜNF (Stratege): die distanzierte Haltung wird oft als Ablehnung wahrgenommen

SECHS (Loyaler Skeptiker) braucht lange, bis sie beständiges Vertrauen zu anderen aufbaut. Ihr Autofokus scannt permanent, ob es nicht Anzeichen für ein gesundes Misstrauen gibt. Dabei ist gerade Vertrauen für sie sehr wichtig. Sie legt Wert darauf, dass ein geschützter Bereich des „Vertraulichen" gewahrt wird. Regelverstöße und Vertrauensmissbrauch sind

SECHS (Loyaler Skeptiker): lässt ein gesundes Misstrauen walten, bevor sie engere Beziehungen eingeht

besonders schlimm. Wenn sie jedoch zu jemandem Vertrauen entwickelt hat, steht sie dieser Person zur Seite und geht mit ihr durch dick und dünn.

SIEBEN (Optimist):
hat grundsätzlich eine positive und konstruktive Einstellung zu anderen

SIEBEN (Optimist) hat grundsätzlich eine positive und konstruktive Einstellung zu anderen. Hat das Gegenüber diese auch, fällt es leicht, dieses zu mögen. SIEBEN legt Wert auf gute Atmosphäre, Spaß im Miteinander und schnelle Ergebnisse. Spaßverderber, Kritiker und Bedenkenträger zu mögen, ist für SIEBEN eine Herausforderung. Gleiches gilt für Menschen, die Respekt aufgrund ihrer Position einfordern. SIEBEN möchte selbst entscheiden, wer ihren Respekt und ihre Sympathie verdient und wer nicht.

ACHT (Boss):
klassifiziert die Menschen in „Freund" und „Feind"

Der Autofokus von ACHT (Boss) klassifiziert die Menschen in „Freund" und „Feind". Wer zu den Freunden gehört, hat viel Kredit und die Beziehung ist sehr belastbar. Wer zu den Feinden gehört, hat die „Arschkarte" (Originalton ACHT). Da aus der Perspektive von ACHT das Leben Kampf ist, werden Menschen sehr geschätzt, die die Herausforderungen von ACHT annehmen, die nicht kuschen, sondern Rückgrat beweisen. ACHT beweist, dass sie jemanden mag, dadurch, dass sie sich etwas sagen lässt, auch Unangenehmes.

NEUN (Vermittler):
grenzenlose Toleranz im Umgang mit anderen

Kein Persönlichkeitsprofil kann die anderen so gut verstehen und beweist so viel Toleranz im Umgang wie NEUN (Vermittler). Sie mag die Menschen und versucht nicht, sie gegen ihren Willen zu ändern. Sie beweist viel Nachsicht mit ihren Fehlern und fördert, wo sie kann. Sie betont das Verbindende und nicht das Trennende. Die große Harmoniesehnsucht kann aber auch zur Falle werden. Die große Entwicklungsleistung besteht darin, auch gegen den Willen der anderen wichtige Anliegen durchzusetzen.

WAS DIE PROFILE BEI DER ZUSAMMENARBEIT IM TEAM VONEINANDER LERNEN KÖNNEN:

- Von EINS: Respekt zeigen und die Grundregeln im täglichen Umgang einhalten
- Von ZWEI: herzlich zugewandt sein und Talente fördern
- Von Drei: sich selbst und die anderen auf das gemeinsame Ziel ausrichten
- Von VIER: sich wirklich auf die Menschen einlassen, besonders in schwierigen Situationen
- Von FÜNF: die persönlichen Grenzen des Einzelnen wahren

- Von SECHS: bei anderen unlautere Absichten erkennen
- Von SIEBEN: Freude beim gemeinsamen Arbeiten entwickeln
- Von ACHT: Angriffe abwehren und sich niemals unterkriegen lassen
- Von NEUN: Fingerspitzengefühl im Miteinander beweisen und alle fair behandeln

POSTULAT 4

Die authentische Führungskraft beweist sich als exzellenter Teamspieler

BEGRÜNDUNG: Im Umgang mit den eigenen Mitarbeitern braucht es dort Teamqualitäten, wo die Mitarbeiter dem Chef fachlich überlegen sind – und die Tendenz zur Spezialisierung bei den Aufgaben hält ungebrochen an. Außerdem müssen Führungskräfte bei der Zusammenarbeit mit Kollegen im Rahmen von Projekten oder Task-Forces zunehmend Teamqualitäten beweisen.

Teamqualitäten sind besonders dort gefragt, wo die Mitarbeiter dem Chef fachlich überlegen sind

TOOLS

Versuchen Sie in spielerischer Form im Rahmen von Workshops, Seminaren, dienstlichen und privaten Festen und Ausflügen hierarchieübergreifendes Verhalten zu üben.

Da EINS (Reformer) primär aufgabenorientiert ist und die Aufgaben perfekt erledigen will, schaut sie mit einer gewissen Ambivalenz auf die Teamarbeit. Ihr Bedarf an sozialem Kontakt ist bei der Arbeit eher gering. Sie arbeitet gern allein bzw. allein verantwortlich. Und Teamarbeit führt aus ihrer Sicht allzu oft zu einem Verlust an Qualität. Als Führungskraft sorgt sie für eine gute und sinnvolle Schnittstellenkommunikation zwischen Menschen und Funktionseinheiten. Sie schafft bessere Regeln und Verfahren.

EINS (Reformer): hat Probleme, ihren Perfektionismus mit den Abläufen von Teamarbeit zu vereinbaren

Aufgrund der starken Fixierung auf das Zwischenmenschliche liebt ZWEI (Unterstützer) das Teamspiel. Sie schätzt es nicht sehr, allein zu arbeiten. Als Führungskraft sucht sie sich enge Vertraute, oft sind es die Stellvertreter. Im Team gibt sie gern die „Mutter der Kompanie", die überall mit- und sich einmischt. Sie liebt es, wenn sie von den eigenen Vorgesetzten als gleichwertiger Teamspieler akzeptiert – oder noch besser – als Vertraute auserkoren wird.

ZWEI (Unterstützer): liebt, vor dem Hintergrund ihrer Fixierung auf das Zwischenmenschliche, das Teamspiel

DREI (Erfolgsmensch):
Teamarbeit ist positiv,
wenn sie den besten
Weg zur Zielerreichung
darstellt

DREI (Erfolgsmensch) hat eine positive Einstellung zur Teamarbeit, wenn sie den besten Weg zur Zielerreichung bietet. Teamarbeit mit anderen Führungskräften eröffnet die Chance, sich im Wettbewerb zu messen und zu positionieren. Hat DREI einen Vorsprung, kann sie im Team glänzen. Fürchtet DREI jedoch überlegene Konkurrenz, arbeitet sie lieber allein. Für die Führungskraft DREI bietet Teamarbeit die Gelegenheit, die Ausrichtung auf das Ziel und die Leistungen der Mitarbeiter zu überprüfen und zu beeinflussen.

VIER (Individualist):
liebt intensive Koopera-
tionen mit Menschen, die
ihr wichtig sind, Team-
regeln sind eher lästig

VIER (Individualist) liebt Kooperationen mit Menschen, die ihr wichtig sind, und pflegt sie intensiv. Das Team als solches ist nicht unbedingt attraktiv, denn Dinge wie Teamregeln oder Gleichbehandlung durch die Leitung sind ihr lästig. Wenn das Team für die Besonderheit von VIER Raum lässt oder diese gar schätzt, ist Teamarbeit wunderbar, wenn nicht, dann eben nicht. In ihrer Fokussierung auf das Besondere oder Fehlende macht sich VIER oft zum Außenseiter – unter Kollegen genauso wie als Führungskraft gegenüber den Mitarbeitern.

FÜNF (Stratege):
sagt von sich selbst,
wenig teamfähig zu sein

Führungskräfte mit dem Persönlichkeitsprofil FÜNF (Stratege) sagen über sich selbst, von allen Profilen wohl am wenigsten teamfähig zu sein. Sie empfinden andere Menschen sehr schnell als anstrengend und hassen es, wenn man ihnen ihre Zeit stiehlt. Teamarbeit funktioniert dann gut, wenn alle Experten in ihrer Sache gut vorbereitet sind und sich auf die notwendige Kommunikation beschränken. Ihre Vorstellung eines idealen Teams ist die elitäre Experten-Task-Force.

SECHS (Loyaler
Skeptiker):
schätzt die Gruppe als
Garanten für Sicherheit

Bei SECHS (Loyaler Skeptiker) hat das Team einen hohen Stellenwert, denn Teams geben und brauchen Sicherheit und dieses Thema steht bei SECHS hoch im Kurs. Zugleich verunsichert ihre „Ja-aber-Haltung" Mitarbeiter und Kollegen, denn sie führt dazu, dass ihr Autopilot SECHS in eine Außenseiterstellung manövriert, die genau das Gegenteil erzeugt – Unsicherheit. Stärken im Teamverhalten sind die Loyalität, das hohe Pflichtbewusstsein und das stark ausgeprägte Wir-Gefühl.

SIEBEN (Optimist):
liebt Teamarbeit,
wenn spannende
Prozesse locken

SIEBEN (Optimist) liebt Teamarbeit, wenn es im Team spannend, positiv und locker zugeht. Geht es streng zu oder langsam voran oder wird es gar langweilig, meidet sie Teamarbeit und glänzt durch Abwesenheit, auch als Chef. Grundsätzlich kommt der Teamgedanke aber ihrer antiautoritären Haltung entgegen. Sie mag Hierarchien nicht und pflegt gegenüber den Mitarbeitern gern einen kumpelhaften Stil, der aber zu Irritationen führen kann, wenn Weisungen oder andere unangenehme Dinge erforderlich sind.

Acht (Boss) schätzt die Teamarbeit, solange es zügig vorangeht und alle kompetent ihre Aufgabe erfüllen. Ein Team unter Gleichen, z.B. Kollegen, ist für sie eine Herausforderung. Sie ist immer versucht, den Ton anzugeben – auch ohne Mandat –, besonders wenn Dinge nach ihrer Einschätzung außer Kontrolle geraten. Acht braucht immer die Möglichkeit, Einfluss auf die Situation zu nehmen. Bei hochqualifizierten Mitarbeitern mit Rückgrat lässt Acht dem Team freien Lauf und ist froh, nicht oder nur wenig kontrollieren zu müssen.

Acht (Boss): schätzt die Teamarbeit, solange es zügig vorangeht und alle kompetent ihre Aufgabe erfüllen

Neun (Vermittler) ist der geborene Teamplayer, nimmt sich selbst als Chef nicht so wichtig. Aus der Sicht einer Führungskraft mit diesem Profil ist das Team der Star. Das gibt den Mitarbeitern viel Raum zur Selbstentfaltung, was vor allem die fähigen Teammitglieder zu schätzen wissen. Neun achtet sehr darauf, dass sich niemand auf Kosten des Teams oder Einzelner profiliert. Sich mit fremden Federn zu schmücken ist für sie ein rotes Tuch.

Neun (Vermittler): ist der geborene Teamplayer – das Team ist der Star

Was die Profile z.B. in Teamsitzungen voneinander lernen können:

- Von Eins: dass es eine vernünftige, strukturierte Tagesordnung gibt und diese auch eingehalten wird
- Von Zwei: dass alle sich wohlfühlen und gut versorgt sind, um produktiv arbeiten zu können
- Von Drei: dass sich das Team ehrgeizige Ziele setzt und den kürzestmöglichen Weg zum Ziel wählt
- Von Vier: dass jedem die Bedeutung und der Sinn der Teamarbeit klar ist
- Von Fünf: dass keine Zeit vergeudet wird und man sich so kurz wie möglich fasst
- Von Sechs: dass berechtigte Bedenken nicht vergessen werden oder unberücksichtigt bleiben
- Von Sieben: dass eine Teamsitzung bei allem Ernst auch Spaß machen darf
- Von Acht: dass Entscheidungen nicht aufgeschoben werden und Beschlüssen Taten folgen
- Von Neun: dass Kompromissbereitschaft besteht und niemand übergangen wird

| POSTULAT 5 | Die authentische Führungskraft ist ein guter Zu- und Hinhörer |

Fähigkeit zur Empathie und zum Perspektivwechsel gefordert

BEGRÜNDUNG: Gemeinhin wird von Führungskräften ein Idealbild als entschlossene Sender von Botschaften gezeichnet. Genauso wichtig ist jedoch, aufmerksam und vorurteilsfrei Botschaften empfangen zu können. Die Fähigkeit zur Empathie und zum Perspektivwechsel äußert sich auch darin, ein guter Zuhörer und ein vorurteilsfreier Hinhörer zu sein. Ein guter Chef muss nicht auf alles gleich eine Antwort wissen oder zu allem Position beziehen. Dabei besteht viel zu sehr die Gefahr, wichtige Dinge zu übersehen bzw. zu übergehen.

TOOLS *Gute Führungskräfte müssen selbst nicht alles wissen. Sie haben gelernt, auch mit Fragen zu führen, statt nur mit Antworten und Anweisungen. Besonders hilfreiche systemische Fragetechniken sind z.B. zirkuläre Fragen, Fragen zu hypothetischen Lösungen (die Wunderfrage) oder Fragen zu wünschenswerten Alternativen.*

EINS (Reformer): die Neigung, sofort alles zu bewerten, geht zulasten der Aufmerksamkeit

EINS (Reformer) arbeitet sehr konzentriert und lässt sich dabei nur ungern von den Mitarbeitern unterbrechen. Dafür braucht es schon gute Gründe. Dann bemüht sich EINS aber um aufmerksames Zuhören. Gleiches gilt, wenn Zuhören auf der Tagesordnung steht. Da der Autopilot jedoch das vom Gegenüber Gesagte immer auch bewertet (richtig/falsch oder angemessen/unangemessen), wird ein Teil der Aufmerksamkeit abgezogen. Vor allem hört EINS nicht mehr vorurteilsfrei hin.

ZWEI (Unterstützer): neigt dazu, andere zu Handlungen zu drängen, ohne ausreichend zugehört zu haben

ZWEI (Unterstützer) hört den Mitarbeitern gern zu und freut sich, wenn andere ihr Herz ausschütten oder Rat suchen. Sehr schnell entsteht ein Eindruck, was dem Gegenüber helfen könnte, und sie ist in Versuchung, diesen Eindruck voreilig oder ungefragt mitzuteilen. ZWEI versucht dann auch, das Gegenüber zur Übernahme der als hilfreich eingeschätzten Handlungsoption zu bewegen. Dann hört sie nur noch ungeduldig zu, vor allem, wenn sich das Gegenüber uneinsichtig zeigt.

DREI (Erfolgsmensch): hat einen eingebauten Filter, ob sich das Zu- und Hinhören lohnt

DREI (Erfolgsmensch) hat einen eingebauten Filter, ob sich das Zu- und Hinhören lohnt, z.B. der Erreichung des gerade angestrebten Ziels dient oder nicht. Bejaht der Autopilot dies, bemüht sich DREI um große Aufmerksamkeit. Verneint er dies, wird ein schneller Ausstieg aus dem Gespräch gesucht. Auch wichtigen Personen hört DREI sehr aufmerksam zu. Sie ist immer auch bestrebt, ihr Wissen und ihre Bedeutung unter Beweis zu stellen, was die Fähigkeit des Zuhörens einschränkt und Gegenreaktionen hervorrufen kann.

Vier (Individualist) ist ein exzellenter Zu- und Hinhörer, wenn es um einen Austausch von intensiven und originellen Gedanken oder Gefühlen geht – offen in beide Richtungen. Da ihr Autopilot aber immer bestrebt ist, selbst Aufmerksamkeit auf sich zu ziehen, lässt sie dem Gegenüber manchmal zu wenig Raum und neigt außerdem dazu, Dinge herauszuhören, die das Gegenüber so weder gesagt noch gemeint hat. Schlecht sieht es mit dem Zu- und Hinhören aus, wenn Vier die Angelegenheit als banal oder gewöhnlich einstuft.

Vier (Individualist): lässt dem Gegenüber manchmal wenig Raum

Wenn Fünf (Stratege) auf das Zu- und Hinhören vorbereitet ist, meistert sie dies exzellent und diszipliniert und mit der größtmöglichen Zurückhaltung von Eigenem. Wird sie spontan gefordert, reagiert sie jedoch schnell überfordert: Sie spielt entweder elegant auf Zeit und verweist auf einen späteren Zeitpunkt, sie entzieht sich ohne Erklärung oder sie hört nur scheinbar zu. Dann kann sie fünf Minuten später den Inhalt des Gesprächs schon nicht mehr wiedergeben. Fünf hat vielleicht zu-, aber nicht hingehört.

Fünf (Stratege): ist vielfach überfordert, wenn es um spontanes Zuhören geht

Sechs (Loyaler Skeptiker) ist Meisterin des Multitasking. Sie kann gleichzeitig zuhören und mit etwas anderem beschäftigt sein. Der innere Antrieb, mit einem „Ja, aber ..." zu reagieren, ist aber kaum zu bezwingen. Sechs lässt sich nie so hundertprozentig auf ihre Rolle als Zuhörer ein und bei allem Bemühen darum, zu verstehen, was das Gegenüber wirklich meint oder beabsichtigt, wird das vorurteilsfreie Hinhören dadurch beschränkt, dass Sechs eine Hypothese über mögliche unterschwellige Absichten bildet.

Sechs (Loyaler Skeptiker): die Grundhaltung des „Ja, aber ..." verhindert ein unvoreingenommenes Zuhören

Sieben (Optimist) ist ein Meister des Sendens – Empfangen ist dann interessant, wenn etwas Spannendes oder Neues lockt. Sie ist immer an einem anregenden Gedankenaustausch interessiert. Das bringt oft ganz neue und innovative Ideen hervor. Sich ganz auf das Zu- und Hinhören einzulassen – und nichts anderes – ist eine große Herausforderung für sie. Zu- und Hinhören heißt, ganz im Augenblick zu bleiben, und das ist keine einfache Sache. Sieben hat immer die Tendenz, sich nach vorn in die Zukunft zu bewegen.

Sieben (Optimist): die Tendenz, sich nach vorn in die Zukunft zu bewegen, erschwert es, ganz im Augenblick zu bleiben

Acht (Boss) hört dann aufmerksam hin und zu, wenn sie den Eindruck hat, dass ihr Gegenüber etwas Wichtiges zu sa-

ACHT *(Boss):*
hört dann gut zu, wenn
sie den Eindruck hat,
dass jemand etwas
Wichtiges zu sagen hat

gen hat. Aber er sollte er sich kurz fassen. Aus der Sicht von ACHT kann man Wichtiges in zwei bis drei Sätzen sagen. Grundsätzlich ist auch ACHT lieber in der Situation, Nachrichten zu senden als zu empfangen. Respektiert oder mag ACHT das Gegenüber, ist sie zu höchster Aufmerksamkeit fähig, ist das nicht der Fall, hört sie nur sehr oberflächlich zu und nicht wirklich hin.

NEUN *(Vermittler):*
ist der Zuhörer
par excellence

NEUN (Vermittler) ist der Zuhörer par excellence – immer bereit, dem anderen ein Ohr zu schenken. Der Autopilot von NEUN nimmt das Ego stark zurück und widmet die Aufmerksamkeit ganz dem Gegenüber. Dieser hat den Eindruck, sich fern von Bedrängung und Aufdringlichkeit öffnen zu können – was als großes Geschenk empfunden wird. Leider sorgt der Autopilot dafür, dass sich NEUN auch allzu bereit für Geplänkel und Nebensächlichkeiten öffnet. Weil die Differenzierung zwischen Wichtigem und Nebensächlichem schwerfällt, entstehen oft Schieflagen.

WAS DIE PROFILE Z.B. BEI DER FÜHRUNG VON MITARBEITER-GESPRÄCHEN VONEINANDER LERNEN KÖNNEN:

- Von EINS: Respekt vor dem Gegenüber, Sachlichkeit und Takt, im Ton wie in der Sache
- Von ZWEI: Mitgefühl für das Gegenüber, auch mit seinen privaten Problemen
- Von DREI: motivieren und zielführende Vereinbarungen treffen
- Von VIER: keine Angst vor intensiven Gefühlen haben
- Von Fünf: Objektivität und eigene Positionen zurückhalten
- Von SECHS: nicht lockerlassen und den Dingen auf den Grund gehen
- Von SIEBEN: neugierig auf den anderen sein und mit dem Positiven beginnen
- Von ACHT: unangenehme Dinge mutig ansprechen
- Von NEUN: Raum geben und das eigene Ego zurücknehmen

POSTULAT 6	**Die authentische Führungskraft vertraut ihren Mitarbeitern und delegiert Verantwortung**

BEGRÜNDUNG: Zusammenarbeit gelingt dort am besten, wo ein Klima des Vertrauens herrscht. Mitarbeiter können aber nur dann Vertrauen zu ihren Vorgesetzten fassen, wenn diese ihnen auch mit einem Vertrauensvorschuss begegnen und Verantwortung an sie delegieren. Führungskräfte, die alle Zügel selbst in der Hand behalten, überfordern sich selbst und vergeuden wertvolle Ressourcen.

Gelingende Zusammenarbeit benötigt ein Klima des Vertrauens

Tools *Sagen Sie Ihren Mitarbeitern explizit, was Sie an ihnen schätzen, was Sie ihnen zutrauen, was Sie fordern, und bieten Sie jede mögliche Unterstützung an, wenn jemand den Willen zeigt, sich zu bewähren.*

Eins (Reformer) schafft klare Strukturen und Zuständigkeiten und prüft dann sorgfältig, wer welche Aufgabe am besten und möglichst selbstständig erfüllen kann. Sie legt großen Wert auf Verbindlichkeit und eindeutige Pflichtenhefte. Aus ihrer Sicht arbeiten die Mitarbeiter oft nicht sorgfältig genug, deshalb neigt sie zu übermäßiger Kontrolle. Delegation ist daher nicht einfach und sie erledigt wichtige Angelegenheiten lieber selbst, auch wenn sie schon am Anschlag ist. Dann weiß sie wenigstens, dass es „richtig" gemacht wurde.

Eins (Reformer): schafft klare Strukturen und Zuständigkeiten und neigt zu übermäßiger Kontrolle

Zwei (Unterstützer) vertraut den Mitarbeitern, die sie mag. An sie delegiert sie Aufgaben selbstverständlich. Die Kompetenz kommt als Kriterium erst an zweiter Stelle. Ihr Gespür für schlummernde Talente kann für das Unternehmen Gold wert sein. Wo Sympathie fehlt, fallen Vertrauen und Delegation schwer. Es besteht bei Zwei zudem immer die Gefahr, dass sie sich wohlmeinend in delegierte Aufgaben wieder einmischt – man meint es ja schließlich nur gut …

Zwei (Unterstützer): vertraut den Mitarbeitern, die sie mag, voll und ganz

Drei (Erfolgsmensch) hat einen guten Blick für die Fähigkeiten der Mitarbeiter und versucht, aus jedem die beste Leistung herauszuholen. Wer Leistung bringt, genießt ihr Vertrauen und bekommt anspruchsvolle Aufgaben übertragen. Leistungsschwäche, Zögerlichkeit, langsames Arbeiten und zu große Detailliebe sind Verhaltensweisen, die es Drei schwer machen, Vertrauen entgegenzubringen. Sie neigt außerdem dazu, Mitarbeiter in Bezug auf das Arbeitstempo zu überfordern.

Drei (Erfolgsmensch): Leistungsträger genießen Vertrauen und bekommen anspruchsvolle Aufgaben übertragen

Vier (Individualist) hat mit ihrem Gespür für das Besondere gute Antennen für besondere Fähigkeiten und Talente bei ihren Mitarbeitern und bietet ihnen Raum, diese zu entfalten. Sie glaubt an ihre Intuition und lässt sich auch durch anfängliche

Vier (Individualist): fördert besondere Talente und Fähigkeiten

Misserfolge nicht von ihrer Einschätzung abbringen. Zugleich hat VIER aber auch Angst, dass ihr Vertrauen enttäuscht werden könnte, was zu einem Rückzug führen kann. Außerdem ist VIER gefährdet, bevorzugt Dinge zu delegieren, die ihr selbst lästig oder die „unter ihrem Niveau" sind.

FÜNF (Stratege): delegiert sachlich und emotionslos, da sie sich gerne Freiräume erhält

FÜNF (Stratege) betrachtet das Thema Vertrauen eher sachlich und emotionslos. Sie bemüht sich um die Schaffung eines sicheren Rahmens und durch ihre gute Beobachtungsgabe hat sie ein Talent dafür, für reibungslose Abläufe zu sorgen. Delegation ist für sie eine leichte Sache, da sie sich gern Freiräume erhält. Vertrauen hat für FÜNF aber nichts mit Vertraulichkeit zu tun. Ihre Tendenz zum Rückzug und zur Absonderung kann auf die Mitarbeiter verunsichernd wirken (... unser Chef, das unbekannte Wesen).

SECHS (Loyaler Skeptiker): Vertrauen müssen sich die Mitarbeiter erst verdienen

SECHS (Loyaler Skeptiker) ist sehr pflichtbewusst und hat selbst ein hohes Sicherheitsbedürfnis. Sie bemüht sich daher, ihren Mitarbeitern ein größtmögliches Maß an Sicherheit zu geben. Sie delegiert Aufgaben, wenn sie sich sicher ist, dass der Mitarbeiter über ausreichend Kompetenz verfügt und die Aufgabe pflichtbewusst erfüllt. Einen Vertrauensvorschuss entgegenzubringen ist für sie jedoch nicht leicht. Es nagt immer der Zweifel, dass etwas schiefgehen könnte. Ihr Vertrauen müssen sich Mitarbeiter erst verdienen.

SIEBEN (Optimist): vermittelt Vertrauen durch ihre positive Ausstrahlung und ihren grenzenlosen Optimismus

SIEBEN (Optimist) vermittelt Vertrauen durch ihre positive Ausstrahlung und ihren grenzenlosen Optimismus. Das gibt den Mitarbeitern Sicherheit. Sie delegiert, wenn der Mitarbeiter Engagement zeigt und sich mit der Sache identifiziert. SIEBEN gibt einen Vertrauensvorschuss und ist durchaus fehlertolerant, wenn sich die Mitarbeiter bemühen, aus ihren Fehlern zu lernen. Man darf sich aber nicht täuschen lassen: Wirkliches Vertrauen fasst SIEBEN nur schwer und wenn ihr Sicherheitsradar einmal aktiviert ist, wird sie übervorsichtig.

ACHT (Boss): verlässt sich in wichtigen Belangen am liebsten auf sich selbst

ACHT (Boss) hat einen guten Riecher dafür, wer vertrauenswürdig ist, und ist sehr schnell in ihrer Urteilsbildung. Am liebsten verlässt sie sich nur auf sich selbst. Sie fordert ihre kompetenten Mitarbeiter, indem sie ihnen verantwortungsvolle Aufgaben überträgt. Sie verlangt schnelle Resultate und gibt ein ehrliches, ungeschöntes Feed-back. Da ACHT sehr darauf bedacht ist, nicht in Abhängigkeiten zu geraten, neigt sie jedoch dazu, Macht nicht zu teilen und alle wichtigen Fäden in der Hand zu behalten.

NEUN (Vermittler) bringt allen ihren Mitarbeitern ein sehr großes Maß an Vertrauensvorschuss entgegen. Sie legt großen Wert auf Autonomie und lässt den Mitarbeitern viele Freiräume, erwartet von ihnen dafür jedoch auch, dass sie verantwortungsbewusst damit umgehen. Sie delegiert gern, wenn sich jemand anbietet und sie ihn für kompetent hält. Dagegen selbst die Initiative zu ergreifen ist ihr oft unangenehm, weil Delegation auch Zumutungen, wie Mehrarbeit, mit sich bringen kann. Das bringt sie oft nicht übers Herz und erledigt die Dinge dann lieber selbst.

NEUN (Vermittler): delegiert gern, solange dies für den anderen keine Belastung darstellt

WAS DIE PROFILE VONEINANDER LERNEN KÖNNEN:

- Von EINS: klare Zuständigkeiten, Verbindlichkeit, Pflichtenhefte entwickeln
- Von ZWEI: andere dabei unterstützen, aus ihren Talenten etwas zu machen
- Von DREI: Leistung und Einsatzbereitschaft belohnen
- Von VIER: besondere Fähigkeiten bei Mitarbeitern aufspüren und entwickeln
- Von FÜNF: das Schiff und die Mannschaft sachlich und wohl überlegt navigieren
- Von SECHS: Pflichtbewusstsein gepaart mit einer gesunden Portion Vorsicht demonstrieren
- Von SIEBEN: auf die Kraft der eigenen Ideen und Visionen zu vertrauen
- Von ACHT: den Richtigen trauen und die „falschen Fuffziger" meiden
- Von NEUN: Vertrauen vorschießen und individuelle Freiräume lassen

POSTULAT 7	Die authentische Führungskraft unterstützt andere Führungskräfte bedingungslos

BEGRÜNDUNG: Wer Führung übernimmt, exponiert sich und macht sich angreifbar. Die Führungskraft kann diese Aufgabe dann am besten ausfüllen und ihr volles Potenzial abrufen, wenn sie sich sicher sein kann, dass ihr aus den Reihen der eigenen Kollegen niemand in den Rücken fällt, weder verbal noch nonverbal. Wer dieses Postulat nicht erfüllen kann, disqualifiziert sich als Führungskraft, egal, welche sonstigen Eigenschaften und Kompetenzen vorhanden sind.

Wer Führung übernimmt, exponiert sich und macht sich angreifbar

TOOLS *Diese Grundregel muss als Teil der Organisationskultur von der Leitung vorgegeben und vorgelebt werden. Verstöße gegen diesen Grundsatz sind sofort in einem Vieraugengespräch durch den nächsthöheren Vorgesetzten zu klären. Bei wiederholten Verstößen ist eine Trennung unumgänglich.*

EINS (Reformer): Mitverantwortung für das Tun anderer zu übernehmen und Fehlverhalten zu tolerieren fällt schwer

EINS (Reformer) hält sich diszipliniert an die geltenden Regeln und bemüht sich um einen fairen Umgang, bei dem jeder sein Gesicht wahren kann. Es fällt ihr jedoch nicht leicht, Mitverantwortung für das Tun anderer zu übernehmen und Fehlverhalten zu tolerieren. Vertritt jemand eine Position, mit der sie nicht einverstanden ist, versucht sie vielleicht, ihre Worte zurückzuhalten. Nonverbal wird ihre Ablehnung oft deutlich, ohne dass EINS dies bewusst ist. Ein regelmäßiges Feed-back über ihre Körpersprache ist hilfreich.

ZWEI (Unterstützer): hat sie selbst ihren Platz gefunden, unterstützt sie andere Führungskräfte bedingungslos

Da ZWEI (Unterstützer) auf das Unternehmen oder die Organisation quasi wie eine zweite Familie schaut, ist der Wille zur bedingungslosen Unterstützung anderer Führungskräfte dann gegeben, wenn sie selbst ihren Platz gefunden hat und dieser nicht bestritten wird. Allerdings ist auch hier der Sympathiefilter wieder mit einschränkender Wirkung aktiv. ZWEI braucht eine wohlwollende Begleitung, um sich die Folgen dieses selektiven Vorgehens immer wieder bewusst zu machen. Von denen, die sie nicht mag, kann sie am meisten lernen.

DREI (Erfolgsmensch): neigt dazu, sich mit fremden Federn zu schmücken oder sich ins Rampenlicht zu drängeln

DREI (Erfolgsmensch) legt Wert auf Korpsgeist und Wettbewerb zwischen den Führungskräften. Sie will dazugehören und die Anerkennung aus dem Kollegenkreis bedeutet ihr etwas. Noch wichtiger ist ihr allerdings die Anerkennung durch die Leitung. Um diese zu gewinnen, versucht sie zu glänzen und sich dabei auch von den internen Konkurrenten abzuheben, wo es sinnvoll erscheint. DREI neigt dabei auch dazu, sich mit fremden Federn zu schmücken oder sich ins Rampenlicht zu drängeln. Beides kann Anlass zu Kritik und Ablehnung geben.

VIER (Individualist): hat die Neigung, immer ein wenig eine Sonderrolle zu beanspruchen

VIER (Individualist) schenkt ihre Unterstützung bereitwillig allen, von denen sie sich gesehen und geachtet fühlt, aber nur ungern aus Prinzip. Als Individualist ist für sie die Unterstützung anderer Führungskräfte eine große Herausforderung. Nichtbeachtung nimmt sie persönlich und revanchiert sich mit gleicher Münze. VIER hat die Neigung, immer ein wenig eine

Sonderrolle zu beanspruchen, und dies verträgt sich nur schlecht mit diesem Postulat.

Fünf (Stratege) kommt von allein oft gar nicht auf die Idee, andere Führungskräfte aus eigenem Antrieb zu unterstützen. Ist dies aber als Grundregel ausgegeben, erfüllt auch Fünf sie. Es kostet sie jedoch einige Überwindung. Sie befürchtet stets, andere könnten ihr etwas wegnehmen oder sich mit ihrem Wissen profilieren. Aus strategischen Gründen kann ihr die Unterstützung anderer Führungskräfte sinnvoll erscheinen. Zu einer Selbstverständlichkeit wird dieser Punkt aber erst, wenn sie sich ganz auf ein „Miteinander" einlässt.

Fünf (Stratege): befürchtet stets, andere könnten ihr etwas wegnehmen oder sich mit ihrem Wissen profilieren

Sechs (Loyaler Skeptiker) wünscht sich die Erfüllung dieses Postulats vielleicht mehr als die anderen Profile. Ihr ist aber auch wichtig, dass für berechtigte Kritik Platz ist. Die vorbehaltlose Unterstützung anderer Führungskräfte ist für sie eine große Herausforderung, denn Sechs traut niemandem so ganz. Sie muss lernen, ihre Zweifel nicht öffentlich kundzutun, sondern nur unter vier Augen und hinter verschlossenen Türen. Auch Sechs muss lernen, ihre nonverbalen Signale besser zu kontrollieren.

Sechs (Loyaler Skeptiker): traut niemandem so ganz

Sieben (Optimist) gibt auch anderen Führungskräften gern etwas von ihren vielen guten Ideen ab. Auf den ersten Blick scheint sie also mit diesem Postulat keine Probleme zu haben. Auf den zweiten Blick muss man differenzieren. Wo Vertrauen und gute Zusammenarbeit herrschen, ist das wirklich eine leichte Übung. Hat Sieben jedoch innerlich Vorbehalte gegen jemanden, wird sie vorsichtig oder sie lässt jemanden auch schon mal so richtig auflaufen und kann zum notorischen Quertreiber werden.

Sieben (Optimist): wird vorsichtig, wenn sie innerlich Vorbehalte gegen jemanden hat

Acht (Boss) unterstützt solidarisch jene Kollegen, die sie respektiert und die ihr mit Respekt und auf gleicher Augenhöhe begegnen. Wer nicht genug leistet oder es sich bequem macht, den hat sie auf dem Kieker und meidet ihn, wenn möglich. Fühlt sie sich provoziert, kann auch schon mal in aller Öffentlichkeit ein Messer fliegen. Oft handelt Acht hier stellvertretend für andere, vor allem wenn die Leitung es versäumt hat, jemandem auf die Füße zu treten. Für einen gesunden Korpsgeist hat Acht gute Antennen.

Acht (Boss): kann jemandem in aller Öffentlichkeit auf die Füße treten, wenn sie sich provoziert sieht

Neun (Vermittler) ist selbstverständlich und mit voller Überzeugung bereit, diese Forderung zu erfüllen. Um ihre Unterstützung muss nicht lange gebeten werden. Da sie selbst es

NEUN *(Vermittler):*
ist gefährdet, es weiter-
zutragen, wenn ihr
jemand missfällt

nicht leiden kann, wenn andere sich auf Kosten Dritter profilieren oder jemandem in den Rücken fallen, tut sie dies nicht mit anderen. Hat jemand jedoch ihr Missfallen erregt, ist sie gefährdet, dies anderen zu erzählen statt der betroffenen Person, es sei denn, es besteht ein Vertrauensverhältnis.

WAS DIE PROFILE VONEINANDER LERNEN KÖNNEN:

* Von EINS: Disziplin, Regeleinhaltung, dass jeder Anspruch auf Gesichtswahrung hat
* Von ZWEI: Aufbauendes Feed-back, Ermutigung und praktische Unterstützung
* Von DREI: Kollegiale Wertschätzung und gesunder Wettbewerb untereinander
* Von VIER: Beachtung schenken für das Individuelle und Besondere
* Von FÜNF: Strategisches Kalkül bei der eigenen Positionierung
* Von SECHS: Berechtigte Kritik nicht unter den Tisch kehren
* Von Sieben: Motivieren und großzügig an den eigenen Ideen teilhaben lassen
* Von ACHT: Ehrlichkeit im Feed-back und Begegnung auf gleicher Augenhöhe
* Von NEUN: Wir-Gefühl, Toleranz und Betonung des Verbindenden

POSTULAT 8 **Die authentische Führungskraft bewältigt die Einsamkeit der Führungsrolle**

Die Loyalität nach oben
kommt immer an erster
Stelle, das macht einsam

BEGRÜNDUNG: Die Loyalität gegenüber der Leitung und gegenüber den Mitarbeitern erfordert von Führungskräften manchen Balanceakt. Die Loyalität nach oben kommt dabei immer an erster Stelle, zumindest solange es sich um „lautere" Dinge handelt. Dies zu entscheiden, muss man oft mit sich selbst ausmachen, ohne sich mit dem Team besprechen zu können. Das macht einsam.

TOOLS *Um diese Einsamkeit zu bewältigen, ist eine gute Work-Life-Balance wichtig. Hierzu gibt es inzwischen zahlreiche Seminarangebote, auch durch die Autoren. Auch ein regelmäßiges individuelles Coaching kann helfen, die Balance zu erhalten bzw. wiederherzustellen.*

EINS (Reformer) sind Diskretion, Pflichtbewusstsein und Erfüllung der Rollenanforderung wichtig. Sie steht jedoch oft unter Strom, weil Ist und Soll so weit auseinanderklaffen. Sie kontrolliert ihre Reaktionen und macht Belastendes erst einmal mit sich aus. Sie weiß genau, welche Dinge sie dem Team mitteilen darf und welche nicht. Bricht der zurückgehaltene Zorn doch einmal durch die Barriere ihrer Selbstkontrolle, können auch ihr Indiskretionen unterlaufen. EINS braucht dringend Ventile für den Überdruck im Kessel.

EINS (Reformer):
weiß genau, welche Din-
ge sie dem Team mittei-
len darf und welche nicht

Die Loyalität von ZWEI (Unterstützer) orientiert sich immer dorthin, wo die Beziehung am wichtigsten ist. Sie tut sich als Beziehungsmensch besonders schwer damit, den Mitarbeitern harte Einschnitte zumuten zu müssen und dies vielleicht schon Wochen im Voraus zu wissen, ohne mit jemandem aus dem Team sprechen zu dürfen. Sie neigt dazu, dem Team gegenüber zu mitteilsam zu sein und zu sehr die persönliche Nähe zu suchen. ZWEI muss in der Führungsposition daran arbeiten, Nehmerqualitäten zu entwickeln.

ZWEI (Unterstützer):
orientiert sich immer
dorthin, wo die Bezie-
hung am wichtigsten ist

DREI (Erfolgsmensch) übernimmt Führungsverantwortung sehr bewusst und tendiert dazu, eigene Gefühle abzuschalten. Ihre Loyalität gilt auch immer den eigenen Zukunftsaussichten. Ihre Ausrichtung auf die unternehmerischen Ziele und ihr persönlicher Ehrgeiz helfen dabei, auch unangenehme Situationen auszuhalten und harte Einschnitte durchzuziehen, wenn sie notwendig erscheinen. DREI ist jedoch gefährdet, die menschliche Seite auszublenden und wenig Mitgefühl mit den Verlierern dieser Entscheidungen zu haben.

DREI (Erfolgsmensch):
richtet ihren persönlichen
Ehrgeiz ganz im Sinne
der unternehmerischen
Ziele aus

VIER (Individualist) ringt immer wieder mit sich um den eigenen Führungsstil. Ist die Angelegenheit stimmig, identifiziert sie sich vorbehaltlos damit. Ansonsten geht sie in die Oppositionshaltung und wehrt sich entschlossen. Auch VIER hat als Beziehungsmensch die Auswirkungen von Entscheidungen auf die betroffenen Menschen immer mit auf dem Schirm. Der Einsamkeit der Führungsrolle entflieht VIER gern dadurch, dass sie exklusive Berater konsultiert, die ihr oft wichtiger werden als die Loyalität zu Führung oder Mitarbeitern.

VIER (Individualist):
exklusive Berater werden
oft wichtiger als die
Loyalität zu Führung oder
Mitarbeitern

FÜNF (Stratege) betrachtet Loyalitätsfragen eher nüchtern und strategisch. Sie kommt mit der Einsamkeit der Führungsrolle gut allein zurecht. Sie toleriert Illoyalitäten seitens der Mitarbeiter nicht und ahndet sie konsequent. Bei Angriffen

FÜNF (Stratege):
kommt mit der Einsam-
keit der Führungsrolle
gut zurecht

von außen stellt sie sich schützend vor ihre Mitarbeiter, wenn der Angriff unberechtigt ist. Erfolgt er aus ihrer Sicht jedoch zu Recht, ist sie gefährdet, sich auf die Beobachterposition zurückzuziehen und die Sache laufen zu lassen. Das kann den Zusammenhalt des Teams gefährden.

SECHS (Loyaler Skeptiker): versucht, es allen recht zu machen

Für SECHS ist Loyalität ein Topthema. Das Gefühl, zwischen den Stühlen zu sitzen, kennt sie sehr gut. Ihr Pflichtbewusstsein versucht, es allen recht zu machen. In einem vertrauensvollen Umfeld gelingt dieser Spagat gut. Herrscht jedoch Misstrauen vor, agiert SECHS sehr vorsichtig und defensiv. Sie bleibt in Deckung, es sei denn, sie wird direkt angegriffen. SECHS kann einen hohen Leidensdruck aushalten. Da sie eher teamorientiert ist, wird sie mit der Einsamkeit der Führungsrolle nur vordergründig gut fertig. Die kontra-phobische Sechs agiert offensiv und kommt mit der Einsamkeit der Führungsrolle besser klar als die phobische Sechs.

SIEBEN (Optimist): würde sich dem Dilemma, der Führung gegenüber dauerhaft loyal zu sein, am liebsten entziehen

SIEBEN (Optimist) würde sich dem Dilemma, der Führung gegenüber loyal zu sein, am liebsten dauerhaft entziehen. Hat sie jedoch eine Leitung, die sie respektiert, fällt ihr Loyalität nicht schwer. Tut sie dies nicht, versucht sie, ihren Weg der Nichtanpassung zu gehen, ohne aufzufallen. SIEBEN beweist ihren Mitarbeitern ihre Loyalität, indem sie ihnen Möglichkeiten einräumt und sie immer wieder ermutigt, sich weiterzuentwickeln. Die Einsamkeit der Führungsrolle belastet, aber sie versteht es auch perfekt, dieses Gefühl zu meiden.

ACHT (Boss): kommt mit der Einsamkeit der Führungsrolle am besten zurecht

ACHT (Boss) erwartet von den Mitarbeitern hundertprozentige Loyalität. Man kann ihr alles sagen, aber bitte nicht Dritten. Auch nach oben kommuniziert sie offen und direkt. Hat sie jedoch das Gefühl, nicht gehört zu werden, wird Loyalität zu einem Problem. ACHT hat dann auch das Potenzial zum Rebellen. Attackiert von außen jemand das Team von ACHT, bekommt er empfindlich eins auf die Finger. Das macht ACHT selbst oder niemand. ACHT erweist sich am robustesten, die Einsamkeit der Führungsrolle auszuhalten.

NEUN (Vermittler): ist wechselseitige Loyalität und ein Platz in der Mitte des Teams sehr wichtig

NEUN (Vermittler) ist wechselseitige Loyalität sehr wichtig. Beide Formen der Loyalität dürfen nicht gegeneinander ausgespielt werden. Gegenüber der Leitung erweist sie sich als loyal und hartnäckig, erscheint zuweilen aber auch devot. Da NEUN oft keine eindeutigen Positionen bezieht, können beim anderen Zweifel an ihrer Loyalität entstehen. Wird ihr Team angegriffen, stellt sie sich zumeist mutig vor ihre Leute. Sie scheut die Einsamkeit der Führungsrolle und entflieht ihr, indem sie sich einen Platz in der Mitte ihres Teams sucht.

WAS DIE PROFILE VONEINANDER LERNEN KÖNNEN, UM MIT DER EINSAMKEIT DER FÜHRUNGSROLLE BESSER KLARZUKOMMEN:

- Von EINS: Den eigenen Werten treu bleiben und bereit sein, dafür auch gegen den Strom zu schwimmen
- Von ZWEI: Beziehungen pflegen, die außerhalb des Verantwortungsbereichs liegen
- Von DREI: Ideen in Produkte oder Dienstleistungen umsetzen braucht jemanden, der vorangeht
- Von VIER: Die eigene berufliche Tätigkeit in einen übergeordneten Sinn einbetten
- Von FÜNF: Dinge getrennt voneinander betrachten, damit einen die Summe nicht überfordert
- Von SECHS: Sich immer wieder bewusst machen, dass es noch viel schlimmer hätte kommen können
- Von SIEBEN: Unmögliches möglich machen – auch wenn dies nur manchmal klappt
- Von ACHT: Dafür sorgen, dass die wichtigen Dinge geschehen, auch ohne Zustimmung von anderen
- Von NEUN: Das wirkliche Kapital einer Organisation sind die Menschen, die besser zusammenarbeiten, wenn die Führung keinen unnötigen Druck produziert

6 WARUM UNTERNEHMEN MIT DEM ENNEAGRAMM ARBEITEN

Unternehmen wie Sony, Oracle oder die Bank von Thailand arbeiten teilweise schon seit Jahren erfolgreich mit dem Enneagramm. Sie nutzen das Enneagramm insbesondere, um in ihren Unternehmen eine Kultur des Vertrauens zu entwickeln, das Arbeitsklima und den persönlichen Umgang miteinander zu verbessern.

Ginger Lapid-Bogda, Unternehmensberaterin, Trainerin, Führungskräfte-Coach und Bestseller-Autorin arbeitet in den USA bereits seit über zehn Jahren erfolgreich in Unternehmen mit dem Enneagramm. Die Autoren möchten hier drei Meinungen von Kunden Lapid-Bogdas wiedergeben, warum sie in ihrem Unternehmen mit dem Enneagramm arbeiten.

Die Anwendung des Enneagramms im unternehmerischen Kontext ist in den USA schon weiter verbreitet als in Europa

IT-Manager eines Finanzdienstleistungsunternehmens:

In meiner Gruppe nutzen wir das Enneagramm mit großem Erfolg für die Teamentwicklung. Es wurde im Jahr 2000 bei uns in einem Top-down-Prozess eingeführt, zunächst im Topmanagement, dann im mittleren Management und danach erst bei den Mitarbeitern.

Die Mitarbeiter stehen sich jetzt näher und unterstützen sich gegenseitig, je nachdem, was die Leute gerade brauchen. Der Fünf wird Raum gelassen, der Zwei wird Wertschätzung gegeben, das Fragen der Sechs wird richtig verstanden und nicht als negativ eingestuft. Wir lachen über uns selbst und miteinander, solange die Lage nicht besonders angespannt ist, und wir vergeben einander Fehler, die wir unter Stress begangen haben. Unsere Mitarbeiter verstehen nun ihr eigenes Verhalten und das ihrer Kollegen besser. Dies erlaubt es ihnen, nachsichtiger miteinander umzugehen und besser zu kommunizieren. Wichtig ist es, dass niemand dazu gezwungen wird, an den Kursen teilzunehmen.

Die einzig wirklich schlechte Erfahrung bei uns war ein Fall, wo ein Manager entgegen anderer Absprachen es für seine Mitarbeiter verpflichtend gemacht hat. Da haben die Leute natürlich gemauert. Der Begriff Enneagramm war für manche am Anfang eine Herausforderung. Man sollte vielleicht besser von „Neun Wegen zu arbeiten" sprechen. Wird das Enneagramm von externen Trainern vermittelt, braucht es dafür Spitzenkräfte.

Chad Jorgensen, Managing Director des Hörgeräte-Herstellers NU-EAR Electronics in San Diego:

Seit 1993 leite ich das Unternehmen NU-EAR und wir sind in jedem Jahr gewachsen. 2006 gab es sogar einen Wachstumssprung von 45 Prozent gegenüber dem Vorjahr. An der Spitze einer Branche zu stehen und gleichzeitig flexibel in Bezug auf notwendige Veränderungen zu bleiben, ist eine große Herausforderung. Dies erzeugt viel Stress für das Management-Team, aber auch für die 150 Mitarbeiterinnen und Mitarbeiter, von denen viele schon seit mehr als 20 Jahren für die Firma arbeiten. Der Erfolg sorgte für aufgeblähte Egos und eine Stimmung von Selbstzufriedenheit und Anspruchsdenken. Das brachte mich dazu, nach fortschrittlichen Management-Instrumenten zu suchen.

Die Suche führte mich zum Enneagramm. Im Gegensatz zu anderen Persönlichkeitsmodellen fand ich das Enneagramm erstaunlich treffend. Es beschrieb nicht nur mich als Siebener-Führungskraft, sondern auch die Kultur und Philosophie der Firma NU-EAR sehr genau. Wir waren eine „GO-GO Stage Company" – viele Ideen, wenig Umsetzung, keine Systeme und Prozesse, keine Kontrolle der Finanzen und tonnenweise Spaß. Während das anfangs als eine günstige Kultur erschien, kämpfte NU-EAR nun damit, sein Wachstum zu bewältigen.

Das Enneagramm erklärte mir die Dynamik der Beziehungen unter den Mitarbeitern und gab mir ein Werkzeug in die Hand, sowohl ihre Motivation als auch meine eigene besser zu verstehen. Als Gruppe hörten wir auf, uns gegenseitig unser Fehlverhalten persönlich übel zu nehmen. Einige hatten bereits angefangen mir zu verübeln, dass die Gespräche mit ihnen immer kürzer wurden, und noch schlimmer, dass sie das Gefühl hatten, ich sei innerlich schon längst ganz woanders, obwohl ich äußerlich noch zuzuhören schien. Daraufhin nahm ich einerseits mich selber in die Pflicht und strengte mich an, besser hinzuhören und in den Gesprächen wirklich bei meinem Gegenüber zu bleiben, was anfangs gar nicht so einfach war. Andererseits entwickelten meine Mitarbeiter auch Verständnis für meine innere Unruhe: *„So ist der Chef eben, er meint es nicht persönlich."*

Das Enneagramm hat die persönlichen Beziehungen im Unternehmen positiv beeinflusst. Es herrscht mehr Harmonie und Verständnis füreinander. Die Auswirkungen von Veränderungen auf die Individuen sind leichter vorauszusehen und möglichen Konflikten wird schon im Vorfeld offen begegnet. Ohne dieses Instrument stünden wir deutlich schlechter da.

Drei Mitglieder der Geschäftsleitung von Genentech:

Wir versuchen, überall mit dem Besten zu arbeiten, was auf dem Markt verfügbar ist. Die Kenntnis ihres Enneagramm-Typs versetzt Menschen in die Lage, auszudrücken, wie sie behandelt werden möchten. Das Enneagramm weist auf „blinde Flecken" hin, wo dringend Lichtsensoren eingepflanzt werden müssen, und es kann zwischenmenschliche Probleme effektiv lösen. Ein Mitglied des Vorstands von Genentech: *„Ich konnte in zwanzig Minuten einen seit zehn Jahren schwelenden Konflikt mit einem Kollegen, einer Acht, lösen."*

Wir haben das Enneagramm bei uns zunächst in der IT-Abteilung eingeführt, ebenfalls in einem Top-down-Verfahren. Uns ging es darum, dass alle Interessierten durch Identifizierung ihres Enneagramm-Typs motiviert werden sollten, an ihrem Kommunikations-, Feed-back-, Konflikt- und Führungsverhalten zu arbeiten. Nur für unsere Manager ist die Teilnahme an den Enneagramm-Trainings verpflichtend, für die Belegschaft ist sie freiwillig. Die Bereitschaft, persönliche Entwicklungsarbeit zu leisten, ist bei uns allerdings verpflichtend – das ist Unternehmensphilosophie. Die Teilnahmequote liegt bei 95 Prozent, während sie bei Pflichtkursen sonst durchschnittlich nur bei 80 Prozent liegt.

Widerstände gab es am Anfang auch, interessanterweise gerade von der Abteilung für Fort- und Weiterbildung. Ein Modell, das sie nicht kannten, hat sie zunächst skeptisch gemacht. Das Enneagramm hat unsere Belegschaft durch seine Anziehungskraft überzeugt, nicht weil wir Werbung dafür gemacht hätten. Wir, die Führungskräfte, haben den Mitarbeitern nur erzählt, was wir mithilfe des Enneagramms über uns selbst herausgefunden haben (blinde Flecken, Stressmuster, etc.) und was wir bei uns ändern wollen. Wir stehen da jetzt unter Beobachtung.

Das Enneagramm hat uns überzeugt, weil es eine Landkarte dafür ist, wonach Menschen streben, wonach sie suchen. Und es hat über die Grenzen des Privaten und Beruflichen hinweg Gültigkeit. Wir haben wenig Zeit – wir sind vom Streben nach Qualität besessen –, wir haben Geld und wollen es sinnvoll einsetzen – deshalb arbeiten wir mit dem Enneagramm.

Zwei Empfehlungen an Unternehmen, die dieses Werkzeug ebenfalls einsetzen wollen: Stellen Sie sicher, dass das Enneagramm nicht zu manipulativen Zwecken missbraucht wird. Bei Entscheidungen über Einstellungen, Beförderungen oder Kündigungen sollte es als Selektions- oder explizites Beurteilungs-Tool nicht zum Einsatz kommen. Niemand qualifiziert oder disqualifiziert sich durch sein Grundmuster für einen Job. Suchen Sie nach reifen Persönlichkeiten. Die können fast jeden Job gut machen. Entwickeln Sie zudem mit Ihren Managern eine Philosophie für einen ethisch verantwortungsvollen Umgang mit dem Enneagramm.

Empfehlungen für einen langfristig angelegten und verantwortungsvollen Einsatz des Enneagramms in Unternehmen und Organisationen:	PRAXIS

1. Der Wille, mit dem Enneagramm zu arbeiten, muss im Gehirn des Unternehmens verankert sein, die Chefetage muss sich damit auskennen und voll dahinterstehen.

2. Arbeiten Sie mit externen Top-Trainern und Beratern, die den Transfer des Enneagramm-Wissens auf Ihre realen betrieblichen Bedürfnisse vornehmen.

3. Vermitteln Sie im ersten Schritt Grundlagen und anerkannte Modelle für betriebliche Anforderungen, wie Feed-back geben, Konflikte lösen, Hochleistungsteams entwickeln, soziale Kompetenz entwickeln, authentisch führen, effizient kommunizieren und die eigene Führungs-Kraft steigern.

   Nutzen Sie das Enneagramm im zweiten Schritt dafür, die Details für die Selbst-Reflexion zu bearbeiten. Ohne konkrete Anwendung im beruflichen Führungsalltag ist der Nutzen des Enneagramms für viele Führungskräfte nicht sofort zugänglich. Im Rahmen der konkreten Anwendung ist dieser aber sehr leicht nachzuvollziehen.

4. Stellen Sie die Anwendung des Enneagramms in einen verantwortungsbewussten ethischen Rahmen.

5. Laden Sie Ihre Mitarbeiter dazu ein, mithilfe des Enneagramms an ihrer Fähigkeit zur Selbstreflexion zu arbeiten und sich gegenseitig zu unterstützen und zu helfen. Beginnen Sie die Trainings mit den Managern und fahren Sie dann im Top-down-Verfahren fort.

6. Behalten Sie Ihre Vermutungen und Erkenntnisse über die Enneagramm-Profile von anderen für sich. Die Irrtumsquote ist höher, als Sie denken. Überlassen Sie es jedem selbst, seinen/ihren Typ herauszufinden. Kommunizieren Sie lieber, was Sie über sich selbst herausgefunden haben.

7. Hüten Sie sich vor einem schematischen Einsatz des Enneagramms, z.B. in Form von Enneagramm-Tests bei der Personalauswahl, Teamzusammenstellung, Beförderungen oder Entlassungen. Niemand qualifiziert oder disqualifiziert sich aufgrund seines Enneagramm-Profils für eine Aufgabe. Zudem differenzieren Tests nur unzureichend zwischen erlerntem Verhalten und dem angelegten „Autopiloten" und „Autofokus".

   Als zusätzliches Hilfsmittel bei Personalentscheidungen kann das Enneagramm Personalentscheidern und Führungskräften jedoch wertvolle Anregungen geben, wo es sich lohnt, einem Kandidaten noch einmal genauer auf den Zahn zu fühlen. Nutzen Sie die Erkenntnisse, die Sie durch das Enneagramm über einen Mitarbeiter gewonnen haben, am besten als Ausgangspunkt für ein Gespräch, aber nicht als Vorlage für eine Beurteilung.

WEITERFÜHRENDE LITERATUR

- BAECKER, DIRK: Organisation als System, Frankfurt/Main 1999
- BAECKER, DIRK: Wozu Kultur? Berlin 2003
- BAUER, JOACHIM: Das Gedächtnis des Körpers, München 2004
- BAUER, JOACHIM: Warum ich fühle, was du fühlst, München 2006
- BAUER, JOACHIM: Prinzip Menschlichkeit, Hamburg 2006
- DANIELS, DAVID / PRICE, VIRGINIA: The essential Enneagramm, San Francisco 2000
- FOURNIER, CAY VON: Der perfekte Chef, Frankfurt/Main 2006
- GOLEMAN, DANIEL: Emotionale Intelligenz, München 1997
- GOLEMAN, DANIEL: Soziale Intelligenz, München 2006
- LAPID-BOGDA, GINGER: Bringing out the best in yourself at work – How to use the Enneagram System for success, New York 2004
- LAPID-BOGDA, GINGER: Ethics: In their own voices – Lessons from companies who use the Enneagram successfully, Enneagram monthly, Januar 2006
- LAUFER, HARTMUT: Vertrauen und Führung, Offenbach 2007
- PALMER, HELEN / BROWN, PAUL B.: Das Enneagramm im Beruf, München 2000
- SCHEIN, EDGAR: Organizational Culture & Leadership, California 1992
- SENGE, PETER M.: Die fünfte Disziplin, Stuttgart 1998
- SPRENGER, REINHARD K.: Das Prinzip Selbstverantwortung, Frankfurt/Main 1996
- SPRENGER, REINHARD K.: Vertrauen führt, Frankfurt/Main 2002
- TÖDTER, ULF / WERNER, JÜRGEN: Erfolgsfaktor Menschenkenntnis, Berlin 2006
- WILHELM, THOMAS / ERDMÜLLER, ANDREAS: Überzeugen, Planegg 2003

STICHWORTVERZEICHNIS